走向平衡系列丛书

法象良知

平衡建筑十大原则的设计体悟

胡慧峰 李宁 著

中国建筑工业出版社

图书在版编目（CIP）数据

法象良知：平衡建筑十大原则的设计体悟 / 胡慧峰，
李宁著. -- 北京 ：中国建筑工业出版社，2024. 10.
（走向平衡系列丛书）. -- ISBN 978-7-112-30393-9

Ⅰ.TU

中国国家版本馆CIP数据核字第2024UA4819号

平衡建筑追求情与理相得益彰的"情理合一"、技与艺相辅相成的"技艺合一"、法与象相资为用的"法象合一"，其设计原则概括为"特定为人、矛盾共生、渴望原创、多项比选、技术协同、低碳环保、摹究细节、环境溶融、终身运维、获得感动"十项要旨。建筑在基地中从虚拟走向现实的过程，正是基地原先的平衡被打破而转为不平衡、进而随着建筑的介入而构建总体新平衡的过程，也是平衡建筑理论在工程实践中进行验证的过程。建筑师须持续动态地把握设计之"法"与建筑之"象"之间的微妙平衡，"法象合一"既是建筑师自我的"良知自知"，也是建筑师通过具体实践来"致良知"的过程。本书围绕一系列具体的建筑案例进行分析，有针对性地对平衡建筑十大原则在实践中的体悟加以归纳，以便大家在方法论层面能够更多地了解平衡建筑，以期对建筑学及相关专业的课程教学和当下相关建筑设计有所借鉴与帮助。本书适用于建筑学及相关专业本科生、研究生的教学参考，也可作为住房和城乡建设领域的设计、施工、管理及相关人员参考使用。

责任编辑：唐旭
文字编辑：孙硕
责任校对：赵力

走向平衡系列丛书

法象良知 平衡建筑十大原则的设计体悟

胡慧峰 李宁 著

*

中国建筑工业出版社出版、发行（北京海淀三里河路9号）
各地新华书店、建筑书店经销
北京雅昌艺术印刷有限公司印刷
*
开本：850毫米×1168毫米 1/16 印张：10 字数：269千字
2024年10月第一版 2024年10月第一次印刷
定价：138.00元
ISBN 978 - 7 - 112 - 30393 - 9
（43745）

慧秀山川多奇峰

古来天地映今月

图 0-1 1995 年设计上海新兴大厦项目工作照（UAD 提供）[1]

恰同学少年，风华正茂（图 0-1）。

---

1 本书所有插图除注明外，均为作者自摄、自绘；本书由浙江大学平衡建筑研究中心资助出版。

自　序

平衡建筑是浙江大学建筑设计研究院多年来荟萃凝练而成的总体学术框架，其思想基础源自于"知行合一"的传统哲学思辨，在具体的建筑创作中践行平衡的建筑之道。

作为"知行合一"在"道""术""器"等层面的展开，平衡建筑追求情与理相得益彰的"情理合一"、技与艺相辅相成的"技艺合一"、法与象相资为用的"法象合一"，这是平衡建筑三大核心纲领。

基于三大核心纲领进行梳理归纳，平衡建筑的特质包含"人本为先、动态变化、多元包容、整体连贯、持续生态"五个方面，设计原则概括为"特定为人、矛盾共生、渴望原创、多项比选、技术协同、低碳环保、摹究细节、环境溶融、终身运维、获得感动"十项要旨，这也是"知行合一"在建筑设计领域的进一步细化。

建筑师是"知行合一"的践行者，须持续动态地把握设计及其实施过程中相关应力之间微妙的平衡，从中体会建筑材料所建构的空间中蕴含的万千气象。

建筑在基地中从虚拟走向现实的过程，正是基地原先的平衡被打破而转为不平衡，进而随着建筑的介入而构建总体新平衡的过程，也是平衡建筑理论在工程实践中进行验证的过程。该过程从"人"的主体行动角度来分析，对应的是设计之"法"如何展开；从"物（建筑、基地）"的客体实现角度来分析，则对应建筑之"象"如何呈现。"法象合一"既是建筑师自我的"良知自知"，也是建筑师通过具体头践米"致良知"的过程。

从平衡到不平衡，再到新平衡的演变，不会按照一种线性的路径来发展，各种突发情况随时可能发生，于是建筑的生成就会在设计所设想的各个环节间跳跃，不断出现反复。这正如对平衡的把握一样，并非总是四平八稳、风平浪静的状态，在很多情况下会以一种通常看来非常不平衡的样态来应对无时无刻不在变化的环境，方能取得总体上的相对平衡态，这往往才是大多数项目的设计要应对的常态。

面对这样的变数，更需要用平衡之道来把握建筑生成的大方向，使之在"情与理、技与艺、法与象"的平衡中能够呼应设计初心。

在具体工作中进行平衡建筑理论思辨与实践体悟，并通过出版专著等方式与社会各界交流，是为了弘扬团队的学术和执业价值观，增强团队运行的学术尊严和凝聚力，激发每个员工的职业价值思考，并以学术为纽带培育优秀人才、创造优质作品、获取体面效益。

经创作主体之"法"而呈现的建筑之"象"，在日常的体验中会有从"形象"到"意象"的转化，就在"象"的流动与转化中，外在的、感知的"象"被消解，进而生成更深层次、关乎内涵的"象"，这是各关联主体围绕特定建筑的"良知"共鸣。本书围绕一系列具体的建筑案例进行分析，有针对性地对平衡建筑十大原则在实践中的体悟加以归纳，以便大家在方法论层面能够更多地了解平衡建筑，以期对当下的城乡建设和研究有所帮助。

甲辰年夏日于浙江大学西溪校区

目　录

第 一 章
特 定 为 人

图 1-1 阳明故居与纪念馆东侧总体鸟瞰（赵强 摄）

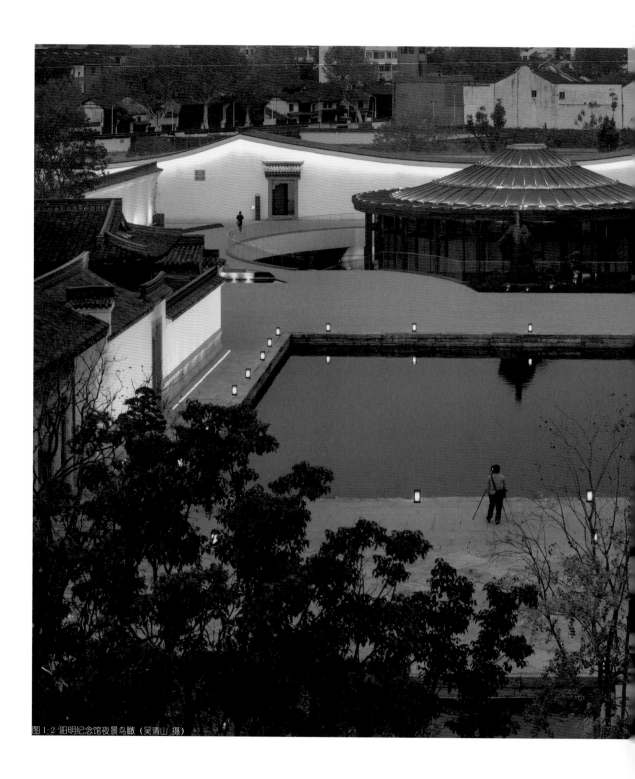

图 1-2 阳明纪念馆夜景鸟瞰（吴清山 摄）

1.1 大吾之境

建筑设计的复杂，说到底就是"人"的复杂。平衡建筑强调以"人"的复杂性及其特定视角来构筑对建筑关联主体的关心和爱护，就是要平衡好建筑师个人与使用者等"人"的关系[1]。

在建筑设计中，关注到每个阶段所涉及的诸多使用者、管理维护者、投资者、周边居民等各类主体，体察方方面面的利益诉求，并在设计的过程中通过各种手段予以回应和体现，方能让建筑源于人本而归于人本。

当建筑师放下"我执"而真正服务于人时，听取不同的声音就会变得简单和自然，进而逐步在建筑中得到相应的体现[2]。"特定为人"的核心就是"为他人"，所以说这正是建筑师在具体实践中领悟"致建筑良知"的不二法门。

绍兴阳明故居与纪念馆的设计，从透逸有秩、博大易达、无滞之情到大吾之境，体悟良多，充满了"特定为人"的思辨。项目总用地面积18504 ㎡，总建筑面积12909 ㎡（图1-1~图1-3）。

1.2 情景叠合

阳明故居与纪念馆工程位于浙江绍兴西小河历史文化街区，南面为明嘉靖年间礼部尚书吕本的府邸，东面为规划的阳明故里核心区越城坊商业区，西邻西小河，北靠上大路。故居遗址是阳明先生诏封新建伯后在绍兴居住的宅邸，本次故居更新工程主要内容为恢复、修缮阳明故居，打造以阳明文化为主题的旅游综合体以及开放式文商旅一体化街区。

---

1 在平衡建筑研究框架中，平衡建筑五大特质的第一条就是"人本为先"，十大原则的第一条就是"特定为人"，围绕建筑展开的人情与人性、欲望与天理，无不以"人"为宗旨。关于建筑的评判都会涉及价值的权衡，"价值"这个概念是从人们对待满足他们"需要"的外界物的关系中产生的，而"需要"从来就是"主体"的需要，"价值"就是主体对客体的需求关系。参见：董丹申，李宁. 知行合一——平衡建筑的设计实践[M]. 北京：中国建筑工业出版社，2021：11.

2 建筑师希望从来没有忘记居民们每一个小小的托付，暂时做不到的，也留在心里等待，这是一种诚挚的用心设计。参见：黄声远. 十四年来，罗东文化工场教给我们的事[J]. 建筑学报，2013(4)：68-69.

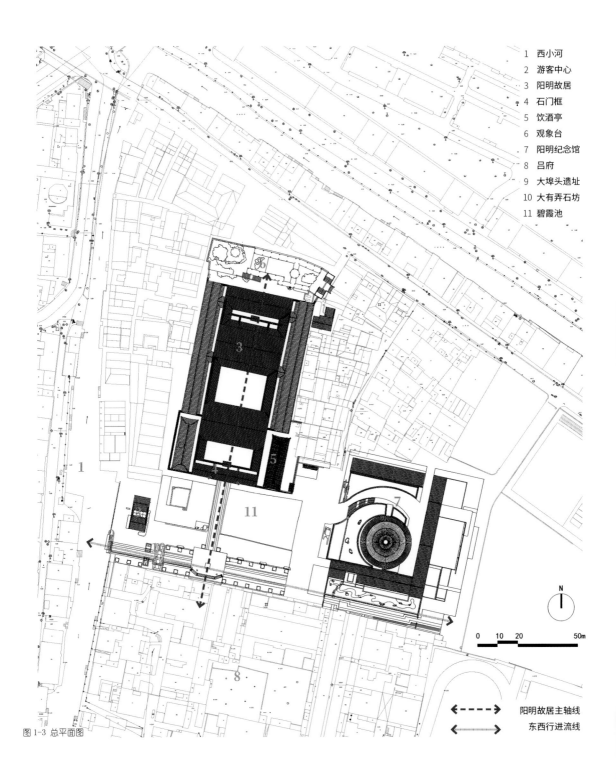

1　西小河
2　游客中心
3　阳明故居
4　石门框
5　饮酒亭
6　观象台
7　阳明纪念馆
8　吕府
9　大埠头遗址
10　大有弄石坊
11　碧霞池

N

0　10　20　　　　　50m

- - - - ▶　阳明故居主轴线
▮▮▮▮▮▶　东西行进流线

图 1-3 总平面图

阳明纪念馆主要用于展现阳明心学的发展历程与成就，并展陈有关物证史料、纪录片以及文旅产品。

基地中现存的阳明故居遗址是阳明先生在绍兴生活史迹的唯一实物见证。基于史料考证与实地勘察，结合已有的考古调查报告，首先确定保护修缮好基地中的文物保护单位，对阳明故居进行复原研究，据此恢复阳明故居建筑格局，实现研学、会议与展陈功能。

同时，设计将阳明纪念馆设置于碧霞池的东侧，主出入口面向碧霞池敞开，以确保整个项目格局中阳明故居的主角地位。

由此，需要研究、恢复和修缮阳明故居，以原真性空间为载体，展示陈列阳明先生在越生活场景和成长悟道的轨迹。同时需要修复或改造部分故居东侧附属台门建筑，保护并呈现好包括石门框、饮酒亭、碧霞池、观象台、伯府大埠头遗址及大有弄石坊残基等历史遗迹（图1-4），它们是阳明故居的客观佐证。

如何让这些遗迹及其意象进行集结，进而形成特定的秩序且有节奏，让秩序在更新的街区空间里产生方向感、集中性乃至纪念性，让受众体验到情景叠合后充满价值而又有诗意的触动，这些自我叩问，正是设计的着力点。

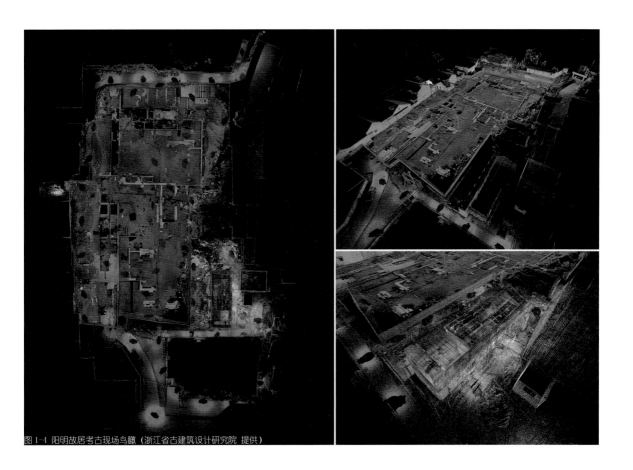

图1-4 阳明故居考古现场鸟瞰（浙江省古建筑设计研究院 提供）

1.3 秩序关联

面对故居复原和遗存展示、生平业绩及在越追溯、室外活态和场景重塑、心学总结和冥想瞻仰等需要展现和表达的诸多场景内容，通过时间和边界这两个构建元素进行归纳与区分，依据秩序感、方向性和中心点这三条建构逻辑进行场景关联设计。

项目总体分为"故居"和"纪念馆"两部分，两者有时间和边界上的连接。某种意义上，"故居"代表了过去，"纪念馆"代表了现在，它们分别有室内外的互动与衔接。

为确定故居和纪念馆的秩序和方向，不得不把设计视域放大到项目所在的西小河历史文化街区和阳明故里来统筹项目的定位与意义，探索项目如何与西小河历史文化街区融合衔接，如何为阳明故里的未来拓展铺垫叙事起点和空间关联。设计将伯府大埠头与西小河历史文化街区船舫弄相衔接并配合桥梁等线索引入西小河历史街区人流，伯府大埠头至碧霞池场地为故居人员集散区域，石门框遗址是故居主出入口，北部沿假山弄设置故居次出入口，东南角经饮酒亭设置阳明纪念馆次出入口。

项目统领场地空间的主轴线设定为自西向东的主轴线，以伯府大埠头遗址为西端起点，以碧霞池遗址为中心。轴线北侧为自南向北由石门框展开的阳明故居，轴线中间则是饮酒亭南侧的碧霞池，将阳明纪念馆放在轴线东端，并以置于阳明广场的阳明先生雕像和衬于其后的阳明纪念馆心厅作为轴线的收尾。阳明纪念馆以"U"形院落式围合中央圆形心厅，凸显在心厅展示的心学成就作为纪念序列高潮点的作用。这条主轴线是统领场地空间序列的气脉，虽无形，但气韵生动。

项目毗邻南侧吕府有一条东西向贯穿的通道，以西小河东岸河埠头为水路上岸起点，以大有弄石坊为入口标志，便可一直向东至阳明故里文化主题街区，这样就顺势形成了本项目东西向的游客行进流线：沿西小河埠头上岸，将一座老宅台门修复并作为游客中心，经大有弄石坊进入阳明广场（图1-5）。

图 1-5 阳明故居与纪念馆北侧总体鸟瞰（赵强 摄）

特定为人

从广场往北是阳明故居的入口通道，南侧为"此心光明"主题照壁，向东沿榆树林前行，线路的北侧分别是碧霞池、阳明先生雕塑和阳明纪念馆的东西主轴线。

至此，完成了以最西侧西小河为主要入口、以阳明故居为项目主体、以碧霞池和阳明广场为核心室外活态展示区、以阳明纪念馆为轴线东侧端点的室内外纪念仪式的空间塑造，完成了以吕府为南侧背景、以东侧待开发阳明故里为文商旅一体化街区整体目的地的空间秩序关联。

1.4 诗意力量

就纪念性场所而言，诗意是其不可或缺的部分。阳明故居复建建筑遵循伯府原有格局，采用"一轴、四进、六重"的平面布置方式。建筑构造采用与历史遗存和文物推测相吻合的风貌进行复原。建筑在采用传统形式与构造手法的同时，兼顾现代功能与规范要求，统筹游览、研学、消防疏散和安全救护等需求。纪念

馆则是在尊重绍兴历史文化名城建筑风貌格局和形式控制前提下，通过独特的心厅演绎了地方性，并将传统的建筑形式、装饰风格与文化、民风民俗等有机结合，尊重历史街区的风貌，注重项目的纪念属性和文化品位。

根据 1933 年绍兴城区图、1939 年绍兴县政府地政处绘制的地籍图、姚江王氏山阴越域住宅地域图、《明会典》中公侯官员盖造房屋的制度以及现存碧霞池、石门框、饮酒亭的相对位置关系，推测阳明府第包含状元府、伯府第、扩建学舍三大区块，其中伯府第区块由门屋、前厅、后堂及附房四进院落构成。加上前场碧霞池，后庭院观象台，共有六重关系。依据复原推测，设计以碧霞池北侧的王衙弄为轴线，布置了"入口、前厅、后堂、附房"等四进院落，两侧设置厢房和跨院，南侧修缮碧霞池，北侧待考古勘探后再恢复观象台。

这一系列流线与建筑格局，典雅地呈现出阳明先生当时的成就和社会影响力（图 1-6~图 1-9）。

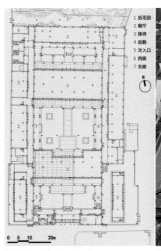

图 1-6 故居一层平面图

图 1-7 故居鸟瞰（赵强 摄）

图 1-8 从碧霞池看故居（赵强 摄）

图 1-9 故居室内场景（赵强 摄）

特定为人

图1-10 纪念馆下沉庭院（吴清山 摄）

阳明纪念馆的设计难点在于如何将阳明心学意象与绍兴传统建筑语汇统一,在城市区域空间中处理好纪念馆、阳明故居和吕府之间的关联关系,从而完成精神、体验、情感等方面的多维度表达。设计从阳明心学这一典型的东方思维出发,借助中国画散点透视的手法,以吴冠中笔下的绍兴为灵感,置入富有禅意的地面写意景观、虚拟山水的下沉水院、绍兴传统民居的黑白灰背景围合体量、精致古雅的石台门与石漏窗、现代抽象的冥想心厅和亦虚亦实的柱廊,利用散点透视关系将以上的不同元素进行立体编织,创造出一种"透逸有致,博大易达"的空间体验和"无

滞之情,大吾之境"的场所精神,以期对阳明心学奥义与龙场悟道的曲折艰辛作出回应。

秩序感、方向性和中心点,是阳明故居与纪念馆的规划与建筑设计的场所结构逻辑所在。设计凸显了故居的主角地位,通过下沉庭院将纪念馆入口引至地下一层,适度弱化了地面建筑的体量,强化了遗存构件与复原建筑的场所感与历史感。纪念馆方形广场与圆形冥想厅组成了"合而不闭,虚而不空"的空间,通过三面白墙与柱廊限定了围合的边界,留出西面向碧霞池打开,呼应了场地,同时留给观者必要的想象余地(图1-10~图1-15)。

图1-11 纪念馆一层入口(赵强 摄)　　　　　　　　图1-12 纪念馆心厅室内展陈(吴清山 摄)

1 门厅
2 VR展厅
3 展厅
4 冥想厅
5 报告厅
6 贵宾室
7 游学大课堂
8 卫生间
9 母婴室
10 下沉庭院
11 设备空间

0 2 5 10m

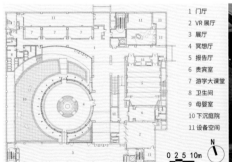

图1-13 纪念馆地下一层平面图　　　　图1-14 纪念馆心厅柱廊与庭院(赵强 摄)　　　图1-15 纪念馆下沉庭院与楼梯(赵强 摄)

图 1-16 碧霞池与故居、纪念馆及南侧吕府（赵强 摄）

为适应纪念馆场地入口而适当偏离中心的冥想圆厅设置于阳明广场碧霞池与西小河的轴线上，纪念馆空间围合所呈现的环状内向型院落组合形式，与阳明故居四进院落序列形成了和而不同的对话与呼应（图1-16）。

1.5 此心光明

心情放松不预设自我立场，尊重当地并谨慎介入，相对克制地在设计中进行推演，才能发现最适合此时、此地、此人的解决方案[1]。

通过阳明故居及纪念馆项目，设计探索了现象集结与空间特性的建立，思考了场所意义与诗意力量的产生。从故居历史格局的追溯到阳明广场的结构重塑与韵律形成，从圆形心厅的特性加强到光与时间的永恒表达等方面，探究纪念性建筑中方向性与集中性在空间结构重塑中的关键作用，寻找控制场所重建所必须确立的空间张力[2]。

在克制地象征和塑造绍兴传统建筑语汇与符号的整体叙述中，用冥想"圆"厅的形式语言在最关键处表达阳明先生的心学思想。那束从冥想厅正中投下的随四季与阴晴变化的光，如同一种神圣的象征，隐喻"人与圣""圣与人"的互动对话。光一直是表达建筑特性的重要方式，在力量、秩序、韵律之后，以最集中、聚焦的方式，用光所寓意的时间来寄托纪念的永恒。

所谓"特定为人"，隐含的基点就是"不为我"，一旦建筑师放下了"我执"，此心便光明起来了。

---

1 在不同的"人"的眼中，或者甚至只是开发商使用了不同的技术为不同的市场服务，对相关问题的评判结果将完全不同，可能每一种看法都是正确的；而这些则是设计所要面对的。参见：凯文·林奇. 城市形态[M]. 林庆怡，等，译. 北京：华夏出版社，2001：32.
2 视觉的认同对应"形"之"色与空"，思想的记忆对应"质"之"精与神"，存在的意义对应"朴"之"有与无"，于是通常的符号、文化已相对变得纤弱，而原始、浑然的"圆"在这里就有了独特的存在价值。参见：胡慧峰，吕宁，蒋兰兰，陈赟强. 场所重建——谈王阳明故居及纪念馆规划与建筑设计[J]. 世界建筑，2024（5）：108-111.

第 二 章
矛 盾 共 生

图2-1 文化中心与文化广场（黄海 摄）

2.1 博弈均衡

矛盾共生，就是各方需求的共生。在多方需求的博弈中能够创造性地平衡诸多矛盾，达成多样性的共存，这样才能营造出生机勃勃的共生样态。辩证法是关于事物矛盾的运动、发展、变化的一般规律的哲学学说[1]，指出了矛盾存在于一切客观事物中。

事物都是多样性的统一，多样性的共存是当今社会的价值主流，和谐的本质就在于协调事物内部各种因素的相互关系，促成最有利于事物发展的状态。设计中处理好围绕特定建筑的诸多矛盾之间的关系，就能够给营造的环境空间带来独特的感染力。

当我们把建筑动态地看成是一个特定生命过程中不断变化的对象时，我们对于建筑设计就会有更深刻的体会。建筑不再是静止不动的房子，而是从策划酝酿的那一天开始，就充满了生机并不断地成长，在诸多矛盾和建筑材料、构造组合的作用下，形成了特定的时空界面[2]。

舟山文化艺术中心的设计，探讨了在特定时空矛盾作用下塑造反映时代特征和地域特色的大众文化建筑的设计尝试，项目总用地面积11880 ㎡，总建筑面积29130 ㎡（图2-1~图2-3）。

2.2 张弛和合

舟山是我国第一大群岛，舟山本岛又是我国第四大岛屿，风光旖旎，风情浓郁，气候凉爽惬意，海、港、景资源丰富。舟山文化艺术中心项目为舟山市影响面大、关注度高的文化建筑，建设方要求设计能够体现出海洋文化名城的特征和特色，力求新建筑新颖大方，尤其要充满现代气息。

---

1 矛盾存在于一切事物的发展过程中，每一事物的发展过程中都存在着自始至终的矛盾运动，承认矛盾的普遍性是一切科学认识的首要前提，有助于深刻把握马克思主义科技观的建设性在场特征，并与时俱进地展开其在"中国特色"新时代所承载的时代性出场使命。参见：冯鹏志. 重温《自然辩证法》与马克思主义科技观的当代建构[J]. 哲学研究，2020（12）：20-27，123-124.
2 建筑的价值具有一种动态生长性的生命特征，通过营造者在有限生命中的创造性活动与岁月沧桑相关联而获得更加久远的时空意义。参见：李宁，李林. 传统聚落构成与特征分析[J]. 建筑学报，2008（11）：52-55.

图 2-2 总平面图

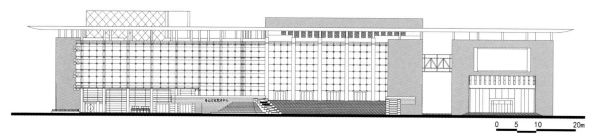

图 2-3 北立面图

舟山文化艺术中心是原舟山剧院、舟山群艺馆、舟山越剧团以及舟山市人民电影院的组合体，为旧址重组翻建项目，重点是一个以演出为主、以会议和电影放映为辅的800座剧院，同时改制后的电影公司和院线电影超市要求相对独立。

该项目属旧城区改建工程，基地呈多方向不规则形，北侧为市民文化广场，隔河为解放东路，东为芙蓉洲路，西为市工人文化宫及人民南路，南为规划消防通道。该区块为舟山这座海洋文化名城的老城区中心地段，过去、现在以及将来都是市民的文化、娱乐、商业的集聚中心。

建设背景和基地环境对设计提出了两个挑战：首先，如何处理好作为大众文化活动场所的建筑内、外部空间的互动关系，综合处理功能、造型、分区、空间组织和平面布局，以期符合项目建设的社会期望值。其次，建筑形态要考虑对周边城市环境的多方向适应性，把握好建筑体量和尺度，表达舟山老城区未来的建筑发展图景，同时要对地方文化作出反映。

设计把复杂的建筑功能和基地环境在"大众文化建筑"的层面进行综合分析，通过矛盾来激发空间构思，进而通过空间引导功能分区（图2-4）。

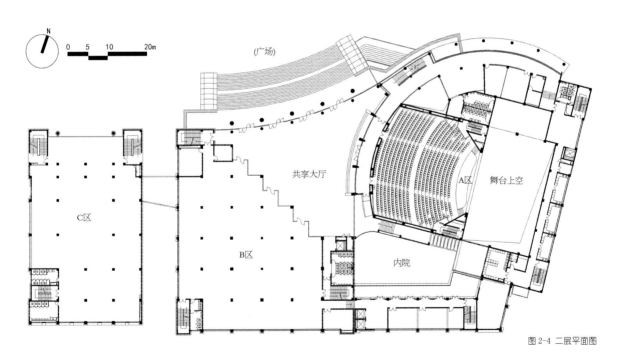

图 2-4 二层平面图

矛盾共生

2.3 内聚外融

首先，确定主入口面向西北方向的文化广场，对应从解放路至广场的桥面方向，保留原剧院与人民电影院之间的沿街商铺特色，从而将整个项目相对独立地划分为西侧的电影院和东侧的剧院两大区块，剧院区块包括了800座剧院及配套、群艺馆以及越剧团用房等。其次，将剧院及配套设于剧院东部，也是整个文化中心的东部，剧院南面为后勤服务入口和演员入口，东面沿芙蓉洲路设置演职人员入口和布景道具入口，北面除剧院主入口外还有售票中心及贵宾出入口。群艺馆及其各类大众娱乐用房设置于剧院西部，均通过北面大台阶引到二层共享中庭，通过中间两个垂直电梯进入。越剧团用房结合平时排练和演出的需要，设于剧院配套用房的四层和五层。

考虑该项目资金来源为部分划拨、局部自筹，鉴于项目地块四周的商业价值，在剧院中庭及群艺馆下部的底层设置了集中商业空间，其出入口设置在电影院和剧院之间的通廊中。

西侧的电影院区块共五层，其中三、四层按照浙江电影院线的要求设置能容纳660人同时观看的电影超市，包括两个150座厅、两个250座厅及休息、票务、放映、管理等用房。一、二层为商业用房，五层为电影公司用房。

通过上述平面布局，确定了以矩形舞台及观众厅为主要形体空间与构形部件，并通过螺形中庭与多种功能空间相连，内部功能相对集聚，外部空间与城市融合（图2-5~图2-7）。特别是螺形中庭，在空间上自北向南沟通了人民广场、剧院、内部庭院和南侧入口的关系，其空间渗透性强，逻辑清晰并极富形式个性。

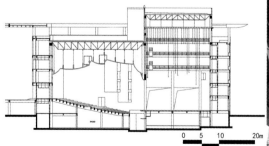

0 5 10 20m

图 2-5 剧院剖面图　　　　　　　　　　　　　　图 2-6 上下空间贯通的休息廊（黄海 摄）　图 2-7 从四层走廊看螺形中庭（黄海 摄）

2.4 虚实相生

舟山文化艺术中心三层通高的螺形中庭，源自"海螺"的形态特征，其顶部为井格采光天窗，飘浮的整体金属屋盖与四周环绕的挑廊整合了不同功能区块的体量与高度，使整个建筑浑然一体（图2-8）。螺形中庭的北侧通过四层高的全通透玻璃幕墙以及直通二层的入口大台阶，充分引导了建筑内部中庭和室外文化广场的互动关系（图2-9）。

对文化艺术中心来说，创造一个良好的城市新环境并促进内外空间的互动，比单纯建设一个新建筑更加有益。建筑毕竟是城市的细胞，文化建筑则是城市的文化细胞，在城市中需要通过人的活动跟城市大环境之间发生物质与能量的交换。于是，设计努力理解并融合剧院、群艺、娱乐等综合文化场所潜质，从空间上

创造了互动和转换的可能，具有良好的通达性，能吸引人在此驻足停留，并在其中自由地漫步和寻找交流的契机。

特别是在三面围合、一面敞开的中庭里，能促成动态的、过渡性的以及静态的空间行为之间的转换。无论是文化艺术中心的员工、进入剧院的观众还是到群艺馆培训参观的群众，都能在此进行缓冲并满足各自的停留、休息、交流、观赏、学习等行为功能，并以其开放性促发市民对文化建筑的关注和亲切感。

这种以中庭的方式沟通内外空间的对话和各功能区块的共享，并以曲线大屋盖统一整个建筑造型的设计思路，是符合基地环境条件的。尤其当夜幕降临时，室内中庭与室外广场中热情涌动的人群、闪烁的灯光、规则与自然交织的空间情趣，就形成极具对话感的时空景象（图2-10）。

图2-8 螺形中庭与顶部井格天窗（黄海 摄）　　　　图2-9 主入口柱廊（黄海 摄）　　图2-10 主入口夜景：从广场看夜幕中螺形中庭灯光（黄海 摄）

矛盾共生

舟山是个极具感性和浪漫、散发着渔乡神韵的自由之都，设计试图摸索一种建筑空间及其界面组合的可能，使之对外成为未来街区的景观核心，对内与大众文化建筑的内涵相符合，成为一个具有深度和广度的空间样态，符合城市发展的活力表达和海洋文化的浪漫感受。

建筑的感染力本不在于材料的高低贵贱，而在于适宜的运用组合。设计从抽象的概念出发，在蕴含着无限可能性的构思世界里，在"抽象"与"具象"之间实现一种基于现实的浪漫：用螺形曲线作为构成语言，塑造广场、中庭和漂浮大屋盖，在阳光和海风的交相辉映中体味海洋风情的深邃和壮美；在现代建筑丛林里创造一个更加健康、和谐的文化环境，并试图以虚实相生的建筑界面来引导城市将来的吸引力；以空间秩序的排列与渗透、光影与材质的对比以及建筑整体的过程体验，展示地方文化的特色和内涵（图2-11、图2-12）。

图2-11 剧院内景（黄海 摄）

图2-12 螺形中庭与剧院入口门廊（黄海 摄）

矛盾共生

2.5 孕育生机

和谐是矛盾的一种特殊表现形式，体现着矛盾双方的相互依存、互相促进、共同发展，和谐并不意味着矛盾的彻底消失。和谐是相对的、有条件的，只有在矛盾双方处于协调、合作的情况下，事物才展现出和谐状态，社会的和谐、人与自然的和谐都是在不断解决矛盾的过程中实现的[1]。建筑场景之所以能呈现出和谐的氛围感，就在于其设计、营建、发展过程中的矛盾平衡。

可能性指客观事物内部潜在的种种发展趋势，现实性指已经实现了的可能性[2]。可能性和现实性反映着事物或现象在发展过程中的两个必然阶段，事物从一种质态向另一种质态的任何转化都是可能性向现实性转化的运动。日益发展的建筑技术，使得设计的可能性越来越多，但设计并非一味地追求更新的建筑技术，而是要考虑所运用的建筑技术是否适宜。

舟山文化艺术中心的设计在两个方面得到了较好的验证：第一，营造一个良好的城市环境和内外互动的空间秩序，比创造一个孤芳自赏的新建筑更加有益；第二，探索一种基于矛盾张力的空间界面组合，使之既能成为城市景观，又可以包容大众文化建筑的内涵，这将有效地体现出建筑所处城市与地域的活力与文化感受[3]。

直面矛盾，在矛盾的各方博弈中把握其中微妙的平衡，方能在矛盾的作用力中孕育出勃勃生机。

---

1 把"和谐"范畴引入《矛盾论》，正确处理矛盾的同一性和斗争性的关系，为构建社会主义和谐社会提供唯物辩证法的指导。参见：雍涛．《实践论》《矛盾论》与马克思主义哲学中国化[J]．哲学研究，2007（7）：3-10，128.
2 随着人们对人自身的关怀和对世界的终极追求的增强，可能性与现实性这对哲学范畴越发体现了其强大的诠释功能。从人对世界本原的追问到日益备受重视的人文关怀，在经过认识能力的审视后，人类越发睿智了，不断地探讨什么是可能的与不可能的，当下的现实是怎么样的，将来可能会如何等等。参见：景君学．可能性与现实性[J]．社科纵横，2005（4）：133-135.
3 在很多情况下，并非没有某种先进的建筑技术，而是采用某种建筑技术的代价是否可以承受或者性价比是否合适，其目的还是为了平衡在建筑中动态变化的诸多矛盾。参见：胡慧峰，沈济黄，劳燕青．基于现实的浪漫——舟山文化艺术中心设计札记[J]．华中建筑，2011（7）：81-83.

第 三 章
渴 望 原 创

图 3-1 峡澳海滨观奏中心西南侧总体鸟瞰 （黄焱 摄）

图 3-2 嵊泗海洋文化中心东北侧夜景（黄海 摄）

3.1 有源之水

创造力作用于建筑生发过程则能在建筑作品中展示出其创造性。创造性若呈现出"首创"性质而非抄袭与模仿，则称为"原创性"[1]。原创不是对已有存在的另类注解，也不是形式上的怪异与理念上的猎奇。

原创并不排斥借鉴与临摹，这些往往是原创的预先积累。原创不反对传统，而是以传统为参照并更新着传统，原创具有唯我性但不具有排他性。原创是平衡建筑实践的原始驱动力，原创必然要求建筑设计回到事物的源点并立足现实，挖掘建筑最真实的诉求。当我们在设计中逐步形成某些创新点的时候，更要注意回望设计的初心。

挖掘本源是指要在深刻理解根本需求的前提下才能谈所谓的创新，所有脱离了实际需求的建筑创新都是伪创新，必定没有长远的生命力。嵊泗海洋文化中心的设计，探讨了把基地环境特征和多重建筑功能作为一个有机整体进行整合并将之上升到大众文化层面进行关注的思路。项目总用地面积 16747 ㎡，总建筑面积12936 ㎡（图 3-1~图 3-3）。

3.2 此时此地

嵊泗又称嵊泗列岛，由钱塘江与长江入海口汇合处的数以百计的岛屿组成，境内岩礁棋布，以礁美、滩平、石奇、崖险著称。

---

1 创造是指想出新方法、建立新理论、做出新的成绩或新的东西。创造是典型的人类自主行为，是一种主观地想出、建立或做出客观上能被人们普遍接受的事物来达到特定目的的行为，是有意识地对世界进行的探索性劳动。创新是在创造的基础上突出其"新"意，指扬弃旧的、创造新的；原创则是侧重于创造或者创新中的"首次、本源"等内涵。就建筑设计领域而言，"创造、创新、原创"的总体指向是一致的，无非各有侧重。参见：董丹申，李宁. 知行合一——平衡建筑的设计实践[M]. 北京：中国建筑工业出版社，2021：69.
2 这里主要涉及如何平衡好个性原创与社会共性的问题，建筑的本质需求大都存在着共性，所有的个性原创都应该是建立在对社会共性满足的前提下而产生的设计升华，脱离了这一前提，则个性原创就毫无意义。参见：许逸敏，李宁，吴震陵，赵黎晨. 技艺合——基于多元包容实证对比的建筑情境建构[J]. 世界建筑，2023（8）：25-28.

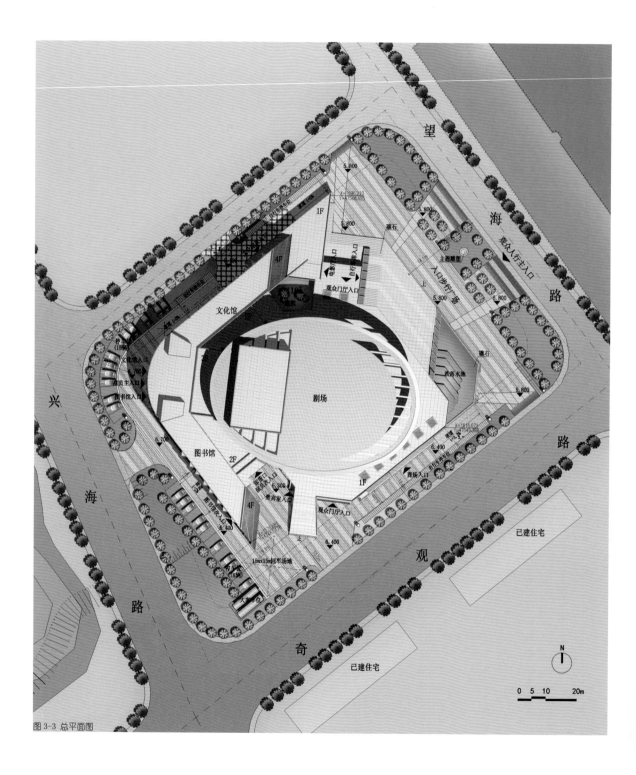

图 3-3 总平面图

去嵊泗，是必须坐船的。

未达嵊泗，未免总是在心里搜寻儿时存留着的关于东海之滨的渔村想象。那"帆影随潮落，沙头晚泊舟"，还有那"潮平不见沙""渡头余落日"的景象，该是随处可见的美丽吧？

当嵊泗渐现眼前，海的记忆依旧，帆的掠影依旧。唯那矗立于海中的岩石，似是"面壁汪洋不计春，独留无限阅风尘"的智者，让人惊叹。

奇险玲珑的岩崖和孤岛，将海岸线勾勒成高低曲折的奇兀姿态。海潮倾入时，波涛冲击着岩石，激起雪白的浪花如跳跃的音符，再从石缝里泻出来，犹如华彩的乐章，颇有一番"佩环声响玉玲珑，万斛珠玑泻碧空"的别样情致。

嵊泗海洋文化中心基地的西北、东南两边为居住用地，东北面海，西南靠山，建筑功能包括一个演出为主兼顾会议和电影放映的865座剧院、100座电影院、图书馆和文化馆（图3-4）。

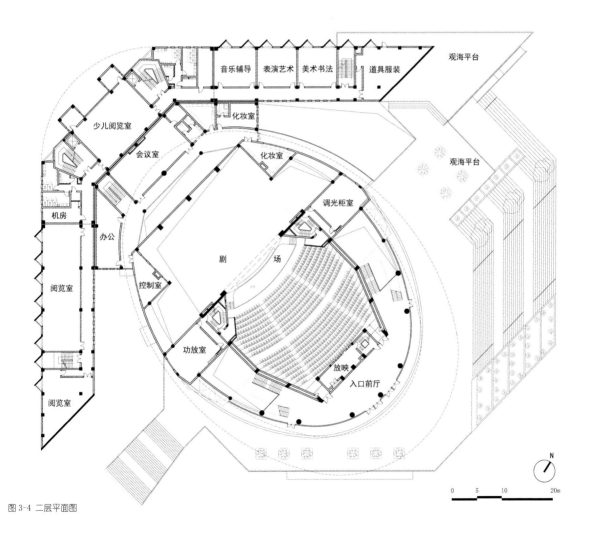

图3-4 二层平面图

渴望原创

图3-5 西南侧沿街场景（黄海 摄）

图3-6 西南侧夜景（黄海 摄）

3.3 大海礁石

分析项目背景、环境特征和各功能区块间的关系，确定了以下两个指导整个设计的基本准则：

第一，需要感受阳光、礁石还有大海的澎湃与灵动，挖掘基地环境特征和剧院、电影放映、图书馆和文化馆等多重建筑功能之间的关联，从而使基地环境与功能空间相统一。

第二，设想中的嵊泗海洋文化中心应该有大海礁石叠积般的构成，体现石材与混凝土的粗犷与硬朗、玻璃的晶莹与通透，有不可或缺的大众与海洋的对话，有大厅、平台、生动的建筑轮廓线，还有内外空间互动的流线和空间。

因北面来自码头和南面来自镇中心方向为主要人流方向，设计将基地东北临海方向打开作为主入口广场和观海平台，依次确立了自北经东北、东面、东南，至南面的界面开放性。根据图书馆和文化馆功能关系，确定了将两馆进行"L"形组合置于用地西北和西南的转角。由此，自然围合出群组中部椭圆形的剧院及电影院主体建筑，并保持了设计意象中所确立的自西向东的高低渐退关系（图3-5、图3-6）。

设计充分利用好基地直接面向大海的有利条件，通过观海平台的设置，形成了主体建筑与自然环境互动相宜的对话空间，正如大海礁石般叠积在波涛飞溅处，积极地吸引人的活动，从而体现出大众文化建筑的场所精神。

设计自始至终贯彻对建筑需求和基地环境整体的关注，明确建筑在环境脉络中的形象和性格，从而整合周边区域空间并与之匹配（图3-7~图3-9）。

图3-7 观海平台与剧院、文化馆（黄海 摄）

图3-8 文化中心入口广场（黄海 摄）

图3-9 图书馆与剧院交接处（黄海 摄）

3.4 珠玑碧空

图书馆、文化馆和剧院之间的"L"形灰空间转角条带，在底层布置了剧院的辅助用房，上部脱开形成"L"形和椭圆形之间的体块对比，从而使整个建筑在关联间看得到对比，在彼此映衬中共生，并通过材质的选择推敲达成石材、金属、玻璃等材质之间的格调统一，营造出嵊泗新的城市环境景观。

设计始终不断地塑造和推进着最初的整体意象，以体现文化建筑应有的地方性、历史性及厚重感，不断地在设计的虚拟态中以环境作用力来激发建筑原创。

"L"形灰空间走廊是形体组合的精髓，也是功能组合的直观体现。观海平台反映了与自然环境的融合，也展示了文化公共场所的特征。文化广场则是剧院建筑的户外观众厅，是嵊泗海岛人聚会的最佳场所。

项目外饰材料主要有石材、铝板和玻璃。在石材配置上，将灰色光面花岗石用于"L"形体块外墙，将深色洞石用于剧院两侧不规则外墙，将中灰毛面花岗石用于基座部位，通过三者组合保证了"礁石临崖偃卧"的意象塑造，并以此烘托上部的空灵。

铝板主要用于椭圆形大屋盖的挑檐部分，接近石材颜色。椭圆形剧院外墙为点式透明玻璃幕墙，深远的出檐与轻盈的屋面曲线，契合了观演功能和结构关系，石材的敦厚深沉和玻璃幕墙的通透虚化，生动地塑造和演绎了"佩环声响玉玲珑，万斛珠玑泻碧空"的嵊泗印象（图3-10~图3-12）。

图3-10 剧院内景（黄海 摄）

图3-11 图书馆东侧临街侧入口台阶（黄海 摄）

图3-12 东北侧沿街场景（黄海 摄）

3.5 靡革匪因

建筑创作的成功与否，或者说能否被建筑所关联的各方主体赞许，在很大程度上是看其中是否具有原创性。原创的核心在于有新颖而富有内涵的创意，这种创意往往源自设计者的灵感。

创作灵感是稍纵即逝的意识升华和思维亮点，而这种亮点的迸发和出现，又不是单靠冥思苦想所能得到的，而是设计者依靠长期的创作实践积累的结晶，是广泛而深厚的艺术修养的综合反映，是通过记忆中大量创作元素相互撞击而产生的[1]。

建筑原创无疑地要反映特定的社会历史条件的特点，和社会发展有着千丝万缕的联系。正如一棵枝繁叶茂的大树，其根深深地扎入大地中方能从传统源泉中汲取养分，有了足够的养分才能开枝散叶，继而面向未来茁壮成长。

就我国传统文化渊源而言，把"执中"看成是至高无上的天理、天道，这与天人合一的基本思维有关。针对具体问题，须通过"惟精惟一"找到破解问题的门径，其实就是找到问题的"平衡点"，即设计的"源点"，这样才能"允执厥中"，这样的建筑原创才有足够的支撑，经得起时间的考验。

嵊泗海洋文化中心的设计，诠释了如何以环境作用力来激发建筑原创、如何把场所精神和城市新环境的塑造作为设计驱动力的实现过程。

构想是激动澎湃的事，实现则是理性而又必须坚持的活儿。从第一次船渡嵊泗到项目竣工时的审视和后期的回访，那一幕印象中构想过的"佩环声响玉玲珑，万斛珠玑泻碧空"，如在眼前[2]。

---

1 原创必须突破思维定势，进行创造性思维，在遵循建筑创作基本规律的前提下结合设计的具体条件，调整和整合建筑的基本要素，创造出新的建筑实体和实用功能、建筑意象和艺术形式。参见：胡慧峰，张隽. 动态变化下的平衡设计语义[J]. 世界建筑，2023(8)：58-63.

2 建筑师是人类物质生活环境的设计者，而物质环境是人类生存的基础，影响着人类日常生活的方方面面，也必然会潜移默化影响着人们的精神世界。从这个意义上来说，建筑师这一工作，既受到时代文化的影响，同时也会反过来促进时代文化的发展。参见：胡慧峰，张永青. 从印象到实现——嵊泗海洋文化中心设计札记[J]. 华中建筑，2010(11)：98-100.

第 四 章
多 项 比 选

图1-1 通过37000多块单元铝栅不同旋转角度的组合描绘出富春山水的意境（赵强 摄）

图 4-2 夜景鸟瞰（赵强 摄）

4.1 兼收并蓄

运动是物质的根本属性，一切事物都是在不断运动、发展和变化中的。平衡建筑所关注的"平衡"并非静态的，而是在多因素作用下的动态平衡，是在不断地比选与重构中把握新的平衡点的过程，正如在惊涛骇浪中航行的一艘船。

多项比选就是强调要放眼全球与历史，深入调研同类工程的完成情况，不断自我打破与重构已有的设想与技术路线[1]，平衡好经验与创新的关系。

可以说，是否具备自我突破和重构的能力是检验一个建筑师综合协调能力的重要标准，换言之，没有各方参与和多方比较的构思很可能只是建筑师在自身小语境中的一厢情愿[2]。多项比选作为一个开放性的策略，鼓励多元化的价值判断取舍，提倡对于不同视角、不同立场观念的兼收并蓄。

富阳银湖体育中心的设计在深入调研国际同类工程的基础上，以简洁的建筑形态、高效的使用功能、紧凑的空间布局为设计立足点，充分考虑场馆赛后运营的可能性，沿富春山脉打造一个可持续利用的体育场馆。项目总用地面积275182 ㎡，总建筑面积85840 ㎡（图 4-1~图 4-3）。

4.2 天山共色

"风烟俱静，天山共色""自富阳至桐庐，一百许里，奇山异水，天下独绝"，这些经典的文字，还有黄公望的《富春山居图》，让富春山和富阳名满天下，富阳银湖体育中心（杭州第 19 届亚运会射击、射箭、现代五项比赛场馆）就坐落于此。

---

1 在科学应用意义上，工程与技术是相通的，但工程主要着眼于将相关技术应用于实践，是"将科学应用于转化自然资源、造福人类的活动"，是实现目标的具体手段，而技术则偏重于以工程实践为指向的技术改进及新技术的开发，两者可在内容、性质、成果、主体、任务、对象、思维方式等方面加以对比。参见：刘莹. 试论工程和技术的区别与联系[J]. 南方论刊，2007(6)：62, 43.
2 应在全球视野中去理解，基于具体实践条件的、对全球性议题的在地化回应是中国建筑实践独特性产生的根源。参见：王凯，王颖，冯江. 当代中国建筑实践状况关键词：全球议题与在地智慧[J]. 建筑学报，2024(1)：21-28.

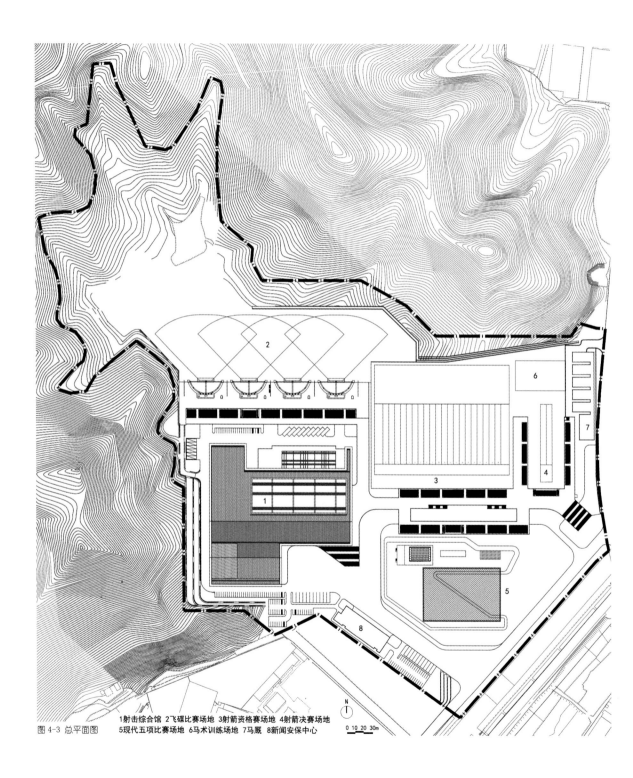

图 4-3 总平面图

1射击综合馆 2飞碟比赛场地 3射箭资格赛场地 4射箭决赛场地
5现代五项比赛场地 6马术训练场地 7马厩 8新闻安保中心

0 10 20 30m

富阳银湖体育中心位于杭州市富阳区银湖街道，在 2023 年杭州第 19 届亚运会中承办了射击、射箭、现代五项三个大项的比赛。

大型赛事的体育建筑不仅要满足基本的竞赛要求，还要彰显地方文化、呼应场地环境、带动片区发展。场地西北环山，南侧临水，东侧连接城市。站在场地中央被群山环抱，让人不禁想起富春江畔的远山近水，想起苏轼"远山长，云山乱，晓山青"的自然感悟，想起黄公望"兴之所至，不觉壹壹布置如许"的富春山居。黄公望把自己对哲学、人生的思考抒发为水旷、山远、林幽、石秀的全息式山水长卷，让人窥谷忘返、望峰息心，悠然向往让自己融于自然的那份淡泊与平静。

以古今中外的各种体育场馆为参照，富阳银湖体育中心的设计需要运用当代建构技术来打造一座多元、复合的运动竞技赛事场馆，需要回归空间本源，与富春山水融洽相处，进而感知并诠释在地文化，将杭州韵味与富阳特色传递给来杭州参加亚运会的各国运动员、教练员（图 4-4、图 4-5）。

图 4-4 通过多段坡屋面的衔接来消解建筑体量（赵强 摄）

图 4-5 东南侧总体鸟瞰（赵强·摄）

4.3 低技建构

设计通过设置五个台地来呼应山地的高差变化,充分考虑对山体自然环境的保护,减少山体开挖。

设计将射击比赛的 10m、25m、50m 资格赛与决赛馆进行垂直分布,并利用通达全场的二层平台来高效地组织射击、射箭、现代五项这三个比赛项目的相关人流疏散,同时将共用功能集中布置在新闻安保中心,集约、高效地利用场地。鉴于射击综合馆平面方正、体量庞大,建筑造型采用多段坡屋面的衔接,顺应周边山体,消解建筑体量(图 4-6、图 4-7)。

立面设计采用了参数化的手段、像素化的手法将富春山居图进行抽象的现代演绎,采用模数化、低成本的标准构件,低技地将其实现。以 300mm×520mm 的百叶为单元模块,通过 37000 多块可不同角度旋转的单元模块,以低技、质朴的转轴方式实现"以百叶为笔,以阳光为墨",排列组合出具有"富春江畔的一片烟云,一曲流水,一座寒山,一株古树"的山水立面,再次勾绘出富春江畔的怡人风情(图 4-8、图 4-9)。

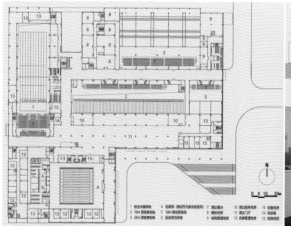

图 4-6 二层平面图

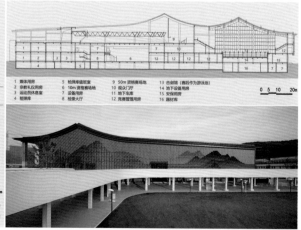

(上)图 4-7 剖面图　(下)图 4-8 建筑、百叶光影与二层连廊(赵强 摄)

图 4-9　建筑与远山（赵强　摄）

单元百叶的旋转角度通过百叶底部的齿轮进行控制，每个齿轮以 5° 为最小模数开模生产，将百叶的旋转角度限定在 15° 至 85° 之间的 15 个角度，施工时只需按设计给定的百叶角度来精确控制转轴角度即可安装到位。角度模数越小、单元数量越多则像素就会越高，山水的意象就会更加清晰。通过 15 个百叶旋转角度，在自然光影的帮助下，组合出表述复杂画面的预期效果。

设计以自然光为师，效法光影变化，再运用光影变化来质朴而平静地重新诠释自然，随着光线变化而变幻的建筑界面讲述了一个光的故事。日出，晨雾散去之时，建筑立面逐渐展现，阴影逐渐减少；午时，阳光直射山顶，幕墙百叶对比强烈，远山近水

清晰呈现；日落，远山、行舟、古树，富春山水的每一个神态慢慢消失在建筑界面之中；夜晚，在泛光的作用下，一幅亮丽的富春山水秀又将徐徐展开。

时间永远是最宝贵的，日转影动，生机勃发，百叶的光影一直在无声地记录这些时光流逝的痕迹，建筑利用自然光线，用日月光明，借四季交替，再现富春山水（图 4-10、图 4-11）。

4.4 赛后转型

很多竞技体育场馆往往投入大而使用频率并不高，大型竞赛场馆的赛后利用已经成为场馆设计之初就需要思考的问题。

图 4-10 自然的光影变化讲述光明的故事（赵强 摄）

图 4-11 用参数化手段可视化表达再现富春山居图（赵强 摄）

尤其类似银湖体育中心这样专业性强、受众面小、赛事等级高的体育场馆，设计愈加关注如何解决赛后空间闲置、实现长期有效利用、降低维护费用等问题。设计秉持绿色低碳、快速拆建和构件再利用的设计策略，在使用空间上、结构选型上、建筑设施上充分考虑场馆赛后多种场景的使用可能。设计在现代五项击剑资格赛的场地预留游泳池基础，赛后可转换为25m游泳池向市民开放，游泳池相关设备在赛时移至场外供现代五项室外临时游泳池使用，赛后可快速拆除并移至室内（图4-12）。

设计重视对天然采光、自然通风策略的运用。在大空间的击剑馆中，采用了52个导光管组织天然采光，为非比赛时间以及赛后日常低成本运营做准备。在25m、50m资格赛场地中，基于比赛本身的要求设置了部分室内外的灰空间，这为比赛区和观众区创造了自然通风的有利条件。

室外现代五项、射箭、飞碟辅助用房以及马厩等与城市远期规划略有冲突，在赛后将被拆除，经过对结构系统的分析，设计选用了易建造、技术成熟的钢结构作为这些建筑的主要结构，赛后钢结构可重复使用。充分发挥活动座椅对场馆可持续利用的积极作用，在室外比赛场地、室内射击资格赛场地均采用了活动座椅，整个项目中活动看台的占比高达70%，为赛后比赛场地的多功能使用做准备（图4-13、图4-14）。

图4-12 场馆充分考虑亚运会结束后的多功能使用（赵强 摄）

图4-13 采用可拆卸活动座椅（赵强 摄）

图4-14 活动座椅、赛场与远山（赵强 摄）

图 4-15 黄昏时分的室外赛场（赵强 摄）

图 4-16 室外飞碟赛场（赵强 摄）　　图 4-17 射击赛场鸟瞰（赵强 摄）　　图 4-18 射击赛场近景（赵强 摄）

图 4-19 射击赛场选手设计区（赵宝 摄）　　　图 4-20 室内休息区（赵宝 摄）

4.5 法无定法

多样性和多元化是这个世界如此精彩纷呈的原因，同一类型的项目在不同的时空条件下会呈现出截然不同的样态，广泛发掘和汲取同类项目中的长处，体会其中的设计逻辑，从而使得自身得到突破提高。这样的做法正是多项比选的初衷，也是实现突破创新的必经之路[1]。

由于受主客观条件的限制，人们对一个事物的正确认识往往要经过从实践到认识，再从认识到实践的多次反复，所以认识具有反复性。还是以惊涛骇浪中的船之航行为例，此时的平衡并不能代表下一秒的平衡，此时的平衡样态可能跟上一秒截然不同。

多项比选就是要求能够以开放的心态深入调研世界与历史上同类工程的完成情况，从更大的范围、更高的角度来审视目前所做的工作。通过多项比选的手段，把握运动中的平衡状态，这也是在时代趋势下建筑设计不得不做出的必然回应。设计的过程就是各种复杂因素相互交织、各种资源力量相互作用的过程，其中任何一个因素和力量的变化都会带来平衡状态的改变，从而需要对已有的设计进行相应的修正。

富阳银湖体育中心的设计历时多年，反复比选，其中甘苦一言难尽，但设计的欣喜却总是让团队忘却烦恼。整个建筑从无到有真的如同一次绘画，以富春山水意象为蓝本，以百叶为笔，以阳光为墨，在自然山水中阐述自然，取法自然、效法自然、表达自然、诠释自然。握中西以求是，得形势而创新。法无定法[2]，设计离不开的还是此时、此地、此人（图4-15~图4-20）。

---

1 只有不断去辨识时代的发展趋势，才能进一步体会唯有勇于跨出安逸舒适的安全经验领域，心怀危机意识，以开放的心态积极应对未来的变化，才有可能在经验和创新中寻找到新的平衡点。参见：胡慧峰，李宁，方华. 顺应基地环境脉络的建筑意象建构——浙江安吉县博物馆设计[J]. 建筑师，2010（10）：103-105.
2 应将"建筑理论"和"中国建筑理论"置于古今中外建筑学语境中进行重新思考，也应认识到，中国传统文化资源的批判性重新诠释和再利用，也在很大程度上需要西方建筑理论与中国现实的批判性结合，以及立足于中国问题发展中国建筑理论的能力和策略。参见：王骏阳. 建筑理论与中国建筑理论之再思[J]. 建筑学报，2024（1）：14-21.

第 五 章
技 术 协 同

图 5 | 休育场夜景（黄海 摄）

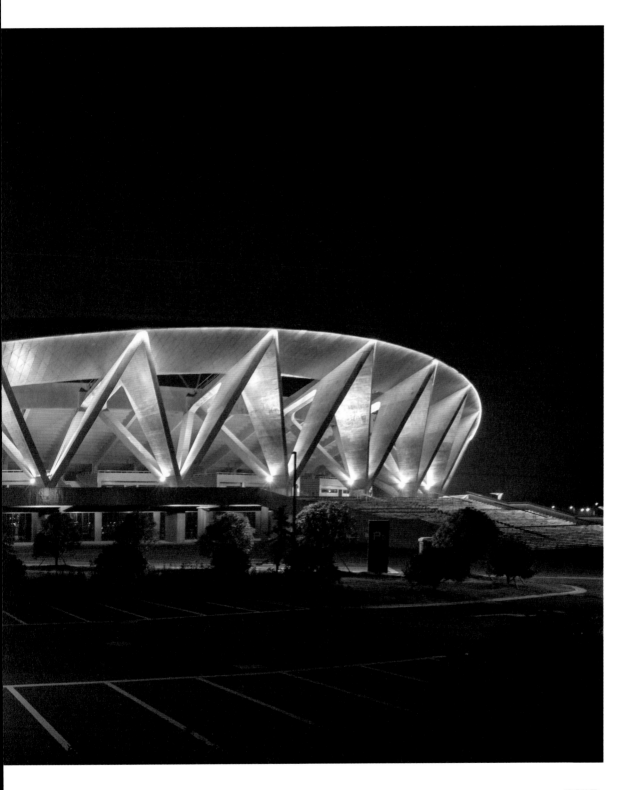

图5-2 南侧总体鸟瞰（黄海 摄）

5.1 集谋并力

把建筑物作为一个系统进行设计，就必须充分地考虑其组分之间的整体协同性。讲究平衡好个体技术与整体性能的关系，是焕发出属于建筑本体生命力的关键所在[1]。

协同设计是为了完成某一建筑设计目标，由建筑营建全周期的各相关主体，通过一定的信息交互和协同机制，相互协调、平衡各方，共同完成这一设计目标的过程。如今的建筑一体化数字信息体系是能够整合不同的系统或资源，涵盖多种关系并能在统一构架下运行的集约型模式[2]。在团队协同中，任何一个设计项目及其相关合作与协同，都不是个人的事情。

金华市体育中心的设计结合各单体在群体中角色定位的分析，探讨了技术逻辑与城市文脉相互整合的意义与可行性。在挖掘当地文化特征过程中提炼建筑群组的主题素材，并据此梳理围绕城市体育建筑的诸多关系与需求，确立反映体育精神的建筑主旋律，进而通过团队的技术协同，有效地将该体育建筑群组作为一个整体地标融入城市脉络之中。项目总用地面积261051㎡，总建筑面积98183㎡（图5-1～图5-3）。

5.2 环境应力

任何复杂的结构都由简单的单元构成，在常规层面上的复杂到了更高层级往往又回归简单。在金华市体育中心设计中，"将复杂的结构简单化"是整合所有技术逻辑和文脉意境关系的核心平衡法则，也是技术协同的切入点。

---

1 为了在设计过程中尽可能解决各专业之间的矛盾，就必须要求各专业避免将眼光仅仅关注于自我专业的单一价值取向，转而在设计全过程中强调集成性、共享性，以及设计过程的连续性。参见：董丹申，李宁. 知行合一——平衡建筑的设计实践[M]. 北京：中国建筑工业出版社，2021：114.
2 如今越来越受到重视的一体化信息体系主要包含三方面的要素：第一，它是一个软硬件互为支撑的动态整体系统，硬件与软件性能是重要的，但更重要的是彼此匹配；第二，它的底层数据是贯通的，是以一个整体的体系对设计团队提供综合服务；第三，它是弹性可扩展的，可不断填充新的功能模块，不断充实数据，不断壮大。参见：黄争舸，胡逸，朱晓伟，梅仕强. 一体化信息体系助力设计院快速提升企业效能[J]. 中国勘察设计，2019（7）：56-61.

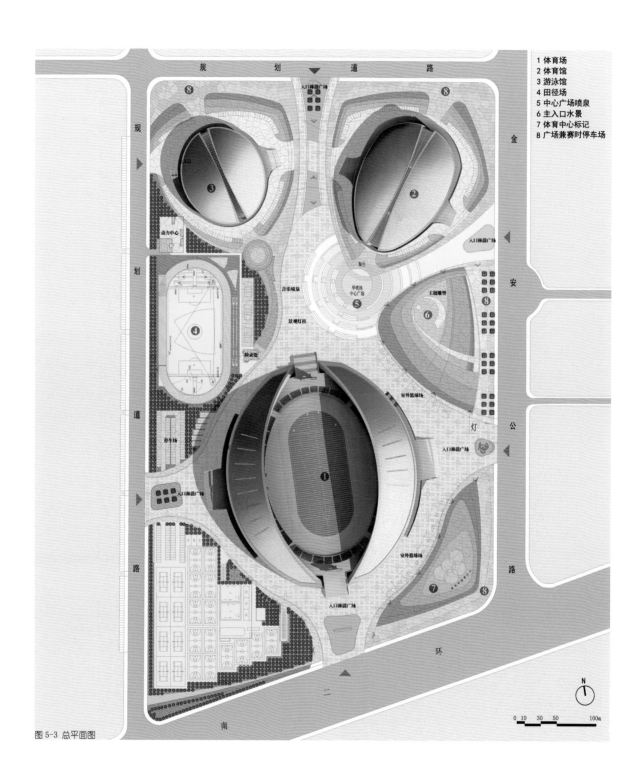

图 5-3 总平面图

1 体育场
2 体育馆
3 游泳馆
4 田径场
5 中心广场喷泉
6 主入口水景
7 体育中心标记
8 广场兼赛时停车场

金华古称婺州，地处浙中腹地。婺文化是在浙江中西部金衢盆地这一特定的地域中孕育而形成的一种文化模式，其核心思想是"经世致用、兼容并蓄、多元并存、内敛稳重"。通过对婺文化的挖掘，结合体育建筑的功能属性，设计提炼了"跃"作为金华体育中心整体设计的意象主题。

金华市体育中心位于金华市南部，西侧紧邻湖海塘公园，包括一个30130座体育场、一个5987座体育馆和一个1616座游泳馆。北面风景秀美的湖海塘公园水势顺东南而下，与基地南面的城市南二环路共同形成明确而又灵动的场地空间格局，也形成了一种特定的环境应力。

体育中心三幢主体建筑呈"品"字形布局并向心围合成中心广场，以"跃动"的金属屋面塑造出整体轮廓，深灰色屋面和大尺度檐拱，简练而有力量感，交相呼应，和谐共存。从湖海塘远远望去，在蔚蓝色天空和荡漾水面的映衬下，仿佛几道弧线跳跃穿梭，给人以力量和灵动之美，这也是对环境应力的化解与借力生发。

"跃"的概念贯穿于建筑形态的塑造和景观设计的主要元素，形成优美的弧线和曲面，以此作为整个设计的母题，从而传递出金华的婺文化意象，并充分表达体育建筑应有的力量和精神气质（图5-4~图5-6）。

图5-4 体育场立面图

图5-5 体育场东南侧场景（黄海 摄）

图 5-6 西南侧总体鸟瞰（黄海 摄）

5.3 技术逻辑

设计组织了两条空间主轴和一条环形次轴将建筑与场地组织在一起：由主体场发散出的纵横两条空间主轴构成体育中心外部空间的主框架，也是体育场人流的主要疏散面；环形次轴是三幢建筑之间空间联系的纽带，同时也是向市民开放的运动健身环形广场，提供多种形式的市民健身活动。

主体育场区位于场地南部，周边配合主题广场和绿地，形成整个区域的空间高潮。体育馆和游泳馆并置于场地北侧两翼，便于平时对外开放，可用于举办各种活动。场地西侧设置室外训练场、球场和大型停车场等必需的配套设施，面向城市主干道的东侧设置面向城市的开放式下沉休闲广场并结合绿地和水面营造主入口形象（图 5-7～图 5-9）。

图 5-7 从入口广场看体育场（黄海 摄）

图 5-8 从入口广场看体育馆和游泳馆（黄海 摄）

图 5-9 东北侧总体鸟瞰（黄海 摄）

图5-10 "V"形柱作为建筑群组中的典型单元（其高 摄）

技术协同

婺文化最具代表性的婺剧脸谱和舞龙灯传统造型，给了设计最直接也是最丰富的创作素材。婺剧脸谱以抽象的曲线传承演绎着当地文化的内涵和深度，而广泛流传于民间的舞龙灯则以跳跃的身影现实地诉说着传统习俗文化的广度和真实性，戏剧脸谱的凝固曲线和龙灯跃动的身姿以其一静一动给予建筑创作无限的想象空间。

作为中型比赛场馆和有限的资金投入，不能从各个建筑单体自身的建筑尺度去考虑各自的形态。设计将"一场两馆"作为一个整体建筑群组则与城市的尺度关系更为契合，更符合在城市干道上观赏体育中心的总体感受。

强调"整体性"和"显性"特征的主旋律，更符合大型公共建筑的整体气质诉求，也符合"将复杂的结构简单化"的核心法则（图5-10）。

"跃"体现出不同形式的力量与美，每一次的跃动又都是在速度和技巧中寻求最佳的平衡点。

设计用"V"形柱作为三个场馆建筑构成的核心单元，其组合在自身充满韵律和动感的同时，混凝土现浇的质感又体现出构件自身的厚重和扎实（图5-11）。

图5-11 "V"形柱内景（黄海 摄）

在纯粹简朴的外表下解决更多的矛盾，在看似复杂的群体组合中寻求更深层级、更符合结构和技术逻辑的理性思考。这些思考和实践的所有目的都是围绕着如何更大尺度、更显性直观地表达体育建筑力与美的主题意象。

5.4 刚柔拙巧

场馆拱形屋面的轻盈，由"V"形柱的扎实来支撑，一刚一柔、一轻一重、一拙一巧形成强烈对比，寓意着体育建筑刚柔并济、动静平衡的精神气质需求，富有动感的"V"形柱与纯净的拱形屋面相互映衬、相得益彰，这种手法贯穿于三座场馆的形体塑造中，促成了建筑构建逻辑层面的统一性和一贯性。

体育场的建筑规模为 30130 座，内场尺寸为 140m×200m，设置 400m 标准跑道和足球、田径场地。体育场的一层西侧设置运动员区、贵宾区、裁判区、记者区、体育系统管理用房等功能用房，二层平台是观众的集散、休息区，顶棚为两片弧形的钢网壳结构，南北侧直接落地，东西侧由"V"形柱支撑。屋顶覆盖为铝锰镁金属板，下部看台与支柱面层采用浅灰色真石漆涂料和清水混凝土饰面相结合，大平台地面采用浅黄色毛面花岗石。

图 5-12 体育馆内景（黄海 摄）

图 5-13 游泳馆内景（黄海 摄）

图 5-14 "V"形柱构造解析

体育馆由比赛馆和练习馆两部分组成。比赛馆内设置固定座位 4549 个、活动座位 1438 个，一层分别设置比赛馆和练习馆两个独立门厅。比赛馆二层是观众活动区，观众可由室外大台阶直接到达二层观众入口大厅，再进入坐席区。练习馆底层设置了健身房、休闲吧、更衣淋浴等用房，平时可作为乒乓球馆、台球馆等独立对外开放。比赛馆中心比赛场地尺寸为 70m×40m，可用于篮球、排球及手球等多项比赛，一层设置运动员区、贵宾区、裁判区、记者区、竞赛管理等功能用房。练习馆与比赛馆之间通过室内大平台联结为一个整体（图 5-12）。

游泳馆包括一个 50m×25m 比赛池、一个 50m×20m 训练池和一个戏水池。其中比赛池设固定座位 803 个、活动座位 813 个，训练池可作为少儿游泳、教学、娱乐场地，视线开阔，通风、采光良好。游泳馆底层设置运动员区、贵宾区、裁判区、记者区、竞赛管理等功能用房，运动员区和日常运营区各设有两组单独的更衣淋浴用房。游泳馆二层平面主要包括泳池区、看台区、运动员和裁判员用房区等（图 5-13）。

从设计到施工直至竣工的全过程，借助计算机辅助三维设计，有效控制空间曲面形态和指导施工现场。

体育场屋顶为曲面空间结构体系，采用桁架拱与网壳结合的结构形式，水平投影为月牙形，长 263m，最大悬挑 44.5m，结构最高点 42.4m。通过技术协同进行整体形态的精准对接，且提高了整体结构刚度和承载能力并优化了构件截面。同时利用现代风工程理论，通过风洞试验模拟，前端大拱采用管桁架，通过管桁架节点外加套管来减少用钢量。

如何避免众多设备管线之间，以及设备管线与结构部件之间的交叉与碰头，是一个牵一发动全身的系统工程。在各专业技术协同中，通过整体坐标系来核准并建立各个相对独立的局部坐标系，从构件加工到安装就位进行逐级控制（图 5-14、图 5-15）。

图5-15 结构成就建筑之美（黄海 摄）

技术协同

5.5 大道至简

协同设计是为了完成某一建筑设计目标，由建筑营建全周期的各相关主体，通过一定的信息交互和协同机制，相互协调，平衡各方，共同完成这一设计目标的过程。

同时须考虑到，建筑设计的专业分离确实造成了建筑体系的离散化现象，因各专业设计人员的设计侧重点不同以至于处理问题的角度就不一样。

尤其是当下建筑设计工作包括的专业越来越多，也就意味着需要更多专业的人共同密切配合才能完成。任何个人或单一技术都无法单独解决设计问题，需要对建造和设计的过程及其成果进行综合集成[1]。

金华市体育中心的整体规划和设计建造，因为融合了地域文化和体育精神，其提炼和表达的过程充满了整体性和逻辑性。让同一主旋律贯穿于建筑群组总体设计的始终，各个单体又如主旋律的变奏，在矛盾中寻求平衡，在简单中蕴含丰富，将体育场馆的技术逻辑和文脉意境，通过技术协同的整合和平衡，最终实现大道归朴的设计诉求[2]。

从平衡建筑的角度来看，"平衡"永远是不断更新的、动态的、不断完善的过程。做同样的事情，换个不同的角度思考，投入的热情和对回报的期待都会大大不同。

真正的设计价值，是人与人交流中的思想相互碰撞，是相互给予，是包容共生的精神火花。

---

1 比如，以建筑设备空间表达为研究范畴，以设备"本性"与"特性"的本体辨析作为思考的起点，通过建构性视角将建筑与设备一体化设计中空间表达的多重可能归纳为介入、抽离和隐喻三种界面维度，这是对设备建构性美学特征解析非常有意义的探索。参见：李晓宇，孟建民. 建筑与设备一体化设计美学研究初探[J]. 建筑学报，2020(Z1)：149-157.

2 平衡建筑的思考就是针对一个建筑系统的形成和发展来展开，探索建筑和初始基地所形成的特定建筑系统是如何由无序走向有序、由旧有序走向新有序、由低级有序走向高级有序，这也是金华市体育中心从设计到竣工所寻找的平衡点。参见：方华，胡慧峰，董丹申. 技术逻辑和城市文脉的整合与平衡——金华市体育中心竣工回顾[J]. 华中建筑，2018(1)：36-39.

第 六 章
低 碳 环 保

图 6-1 水庭院（黄海 摄）

图6-2 临水排屋（黄海 摄）

6.1 适宜技术

平衡建筑强调绿色建筑技术的选用与集成是设计的本能追求，要求平衡好社会责任与技术服务的关系。建筑物是资源和能源生态过程中的阶段性体现，对建筑的评判不仅要考虑其自身的价值，还要考虑其具有立足于环境、适宜于环境的价值。

建筑从设计到竣工，总是以一种客观实在呈现在环境中，这是涉及的各种因素和采取的处理措施的真实表达，设计中应在把握适宜度中体现出对环境整体的关注，明确其在环境中的定位，从而相得益彰[1]。

建筑师应当认识到低碳环保技术选用的合理性，即建筑投入与环境产出的平衡是设计分析的支点，应摒弃一味地技术堆砌与表现，转而植根于地方风貌、气候特征、自然资源、技术工艺等现实条件，平衡各项因素和生态技术的关系，关注适宜于建筑全生命周期的技术[2]。

杭州竹海水韵住宅小区如江南丝竹一般隐约于山水之间，清新淡雅，如竹影扫阶，如风来疏竹，将现代住宅科技不动声色地落实在小区的寻常巷陌之中。项目总用地面积413935㎡，总建筑面积580850㎡（图6-1~图6-3）。

6.2 竹海水韵

最是那江南雨的温柔，化作西湖水脉脉千年的挽留。自古以来，多少人留恋杭州的风情。在曲水湾环之间，或山抹微云，或露花倒影，点缀着诗词曲赋，自有一番清朗婉约的韵致。

---

1 生态、绿色、可持续发展等文字已为广大市民耳熟能详，但在每一次具体的工程实践中，由此出发所选择的一系列思路与做法，似乎并不都能指向它们所要求的结果。但与以往的各种"主义""热点"不同，因为其内在拥有关爱众生的情怀和关注生存环境的责任感。参见：沈济黄，陆激. 美丽的等高线——浙江东阳广厦白云国际会议中心总体设计的生态道路[J]. 新建筑，2003(5)：19-21.
2 把对可持续的讨论置于当代中国演变的综合背景中，在国际化与地方文明的复杂交错中加深对可持续的理解并探寻未来的可能性，以摆脱当前可持续发展中机能主义的现状，而面向一种兼容并蓄、更易引起共鸣性的正确视野来谋求长远利益。参见：董丹申，李宁. 走向平衡，走向共生[J]. 世界建筑，2023(8)：4-5.

图 6-3 总平面图

"画船归来江湖梦，多少楼台杨柳烟"，钱塘确实是自古繁华。杭州竹海水韵住宅小区位于杭州西溪闲林区块，有排屋、多层住宅、小高层与高层住宅以及配套公建等内容。

基地内水体分布密集，竹林丛生，芦苇茂盛，具有明显的江南湿地特征（图6-4）。将基地内现有的河流、池塘和岸边自然天成的植被加以保护，并适度整合，构成纵横交织的小区水网，形态自由舒展，小区形成以水景为主题、宅与水共生的景观格局。

绿水环绕处，翠竹隐映中，住宅组合聚散相宜，形体与细部繁简有度，无须登高临远，江南水乡景致就自然而然地渗入住户的内心深处（图6-5、图6-6）。

图6-5 住宅与竹林（黄海 摄）

低碳环保

图6-6 院落围合（黄海 摄）

低碳环保

图 6-7 邻里相望（黄海 摄）

6.3 庭阶寂寂

小区以水为隔划分出一个个风格别致的岛状组团，以路为线又有效地串起了各个群组，既相互独立又联系方便。

岛状组团增加了整体空间的韵律感、组团个性空间的可识别性与归属感。通过广场、街道、水体、庭院等多元空间的相互组合、穿插，形成一个连续而富有变化的序列。

沿水岸布置绿篱、石径、湖石、凉亭等环境构件，顺着水面的延伸，有岸沙草树、曲道飞桥，景观呈纵深带状渗透到各个组团，居于家中便尽得林野之风致，"均好性"在这里得到很好的体现（图6-7、图6-8）。

图6-8 排屋组合（黄海 摄）

6.4 环境平复

城市的喧嚣纷杂让人们渴望回归传统那种宁静、淡泊、从容的生活，设计保留和利用基地内丰富的竹资源，以竹子作为庭院造景的重要元素，引发人们对传统家居的联想，正所谓"宁可食无肉，不可居无竹"。

在水边、在院内，或疏或密，竹影婆娑，摇曳生姿。成组成团的住宅便散落在这样雅致的环境中。清风徐来，疏影横斜水清浅；暗香浮动，依稀听得潇潇声。

小区的生活也由此串联，晨起绕水慢跑，晚归竹林听风，闲来绿荫垂钓，不一而足（图6-9、图6-10）。

图6-9 庭院人家（黄海·摄）

低碳环保

图6-10 庭阶寂寂（莫海旸 摄）

低碳环保

6.5 不负江南

建筑可持续发展的核心，就是调节人类营建活动对自然改造的"量和度"，使其平衡在自然可自我修复的程度之内[1]。但用单纯的技术策略以及用复杂的术语来支持可持续发展计划并不会成功，这样还是缺乏关于"社会文化、经济基础和环境诉求"之间系统性与复杂性的理解和支持。

平衡建筑强调摒弃技术堆砌与表现，强调技术的适宜性及整体的技术集成创新，也只有将生活、生产和社会性统合为一，才有可能取得整合的可持续社会发展。

一种生活状态从来不会凭空生成，也不会凭空消失，这离不开社会、经济、人文等诸多因素的综合影响，我们的居住生活方式发生变化，则设计需要重新思考。"家"是每个人心中理想化的概念，茅庐草舍可为家，高堂广厦也是家，其中包含了每个人的梦想与寄托。

杭州竹海水韵住宅小区努力将居住区的和谐与舒适体现在各个细节的一点一滴[2]。设计在组织住区空间的时候，其实是在引导一种生活方式，一种淡定从容、回归自然的生活方式以及其中的意韵。这种意韵，不是金戈铁马般的大开大阖，也不是恍兮惚兮般的错综神秘，而只是如同杏花春雨般的清朗婉约。

或晓露轻寒，或月白风清，漫步林中水畔，斜倚阶前窗下，不经意时，感受到一种江南家居的闲适氛围，如将满山的青翠采摘来化作一盏，盈盈暗香，似有似无。

---

1 简言之就是 4 个 E 的结合：资源保育 Environment、技能发展 Education、体系效益 Efficiency、社会赋权 Empowerment。在现实中，那些希冀变化的群体通过创新的绿色模式以提高效率，促进整合，最小化对自然资源的消耗及通过建造对子孙后代和社会发展有利的城市、社区和建筑来避免对资源的浪费并实现社会与经济价值的维系和提升。面向可持续城市与建筑的投入并没有唯一的模式，对可持续性的理解是随着时间和空间的变化而变化的。参见：郝林. 面向绿色创新的思考与实践[J]. 建筑学报，2009(11)：77-81.

2 如果把一个建筑系统设计得如同宇宙飞船一般，除太阳能外不需其他能源，所有循环都在内部解决，这固然很好，但估计这样的运行成本目前没有哪个业主愿意承受，这样的设计显然是脱离了环境的实际。参见：李宁，李丛笑，胡慧峰. 杭州竹海水韵住宅小区[J]. 建筑学报. 2007(4)：85-88.

第 七 章
摹 究 细 节

图7-1 往君艺术馆的立面与晶体广场（雷坛坛 摄）

图 7-2 徐渭艺术馆夜景与万家灯火（雷坛坛 摄）

7.1 匠心独具

细节使得建筑营造成为一种文化，平衡建筑强调以工匠精神表达对建筑材质、构造工艺的执着。从设计到施工，应在动态中平衡好细节与整体的关系，当然，细节与整体也是一组相对的概念。当建筑或者建筑群组通过特定的细节组合被清楚地表达出来，并让人们能够凭借常识和经验做出判断时，建筑就会使人们产生特定情境中的共鸣，或者是空灵带来的愉悦，或者是精绝带来的惊叹，这就是建筑感染力的体现[1]。

当下的建筑设计越来越多地呼唤人性空间，呼唤匠心，呼唤建筑细节。建筑的细节设计是建筑策略的支撑，而建筑策略是建筑细节的指引[2]。同时必须认识到，设计不是为了细节而细节，建筑师在实施每一个细节之前，先要反复临摹、推究、吃透建筑细节的所以然，进而致力于把技术升华为艺术。

绍兴青藤历史街区综合保护改造，探讨了如何在保留其历史街区肌理的基础上对青藤街区进行优质文化产业的植入并提升街区的人居环境空间活力。规划更新的范围北至人民西路，西至环山路，东至解放南路，南至前观巷，总面积 120000 ㎡，其中核心区范围 23600 ㎡（图 7-1～图 7-3）。

7.2 城市风骨

绍兴市越城区的青藤街区大部分历史建筑保留完好，有着大量明清时期的台门遗存，其中明代书画家徐渭的故居青藤书屋更是泼墨派的朝圣地。这里的民居街道保存完整，原住民生活方式也少有被当代社会侵扰的痕迹，青石板、湿苔痕散布在街巷，演绎着老绍兴独有的生活状态。

---

1 细节组合也包括建筑所显示的结构传力方式等内容，当细节组合越接近平衡临界点时，越具有心理上的感染力。参见：王贵祥. 中西方传统建筑—— 一种符号学视角的观察[J]. 建筑师，2005(8)：32-39.
2 建筑设计方法千变万化，不变的是对美好生活的追求。从细节营造到宏观策略是一个不断平衡的过程。参见：许逸敏，李宁，吴震陵，赵黎晨. 技艺合一——基于多元包容实证对比的建筑情境建构[J]. 世界建筑，2023(8)：25-28.

N

0 2 5 10m

1 旱喷广场
2 阶梯座椅
3 草阶
4 观景平台
5 数控跌水
6 下沉广场
7 入口水景
8 艺术馆主入口
9 下沉庭院
10 中庭叠山水景
11 二层活动庭院
12 艺术馆次入口
13 艺术馆北广场
14 竹林
15 地下停车场出入口

图 7-3 核心区总平面图

因此，在更新改造中保护好这份属于绍兴记忆的建筑遗产显得尤为重要。其中徐渭艺术馆的设计是本次更新的重点，作为中国绘画史上大写意画派成熟期的代表、青藤画派的始祖，徐渭及其故居"青藤书屋"始终是本街区的文化魅力核心。

而徐渭艺术馆作为历史街区中植入的当代设计，首先需要解决新的形式如何融入现存城市肌理的问题。

鉴于青藤街区历史悠久，其街道尺度和房屋形制有着特定的文化传统，因此如何解读既有的建筑形制，在延续街区历史的同时进行符合现代建造和审美的设计，就成为更新设计的一个核心细节（图 7-4~图 7-8）。

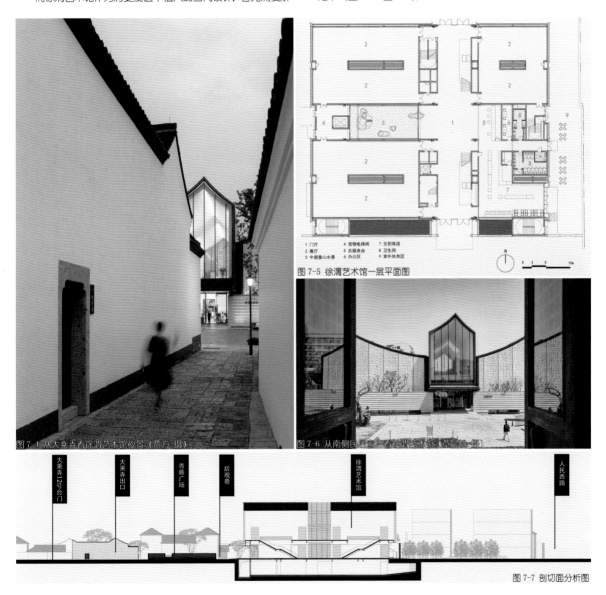

图 7-4 从大乘弄看徐渭艺术馆夜景（贾方 摄）

1 门厅　　4 货物电梯间　　7 文创商店
2 展厅　　5 总服务台　　　8 卫生间
3 中庭叠山水景　6 办公区　　9 室外休息区

图 7-5 徐渭艺术馆一层平面图

图 7-6 从南侧民居院落看徐渭艺术馆（曾晨晨 摄）

图 7-7 剖切面分析图

大乘弄12号台门　大乘弄出口　青藤广场　后观巷　徐渭艺术馆　人民西路

图7-8 二层中庭可满足休憩、集会、观赏、拍照等多重需求（霍运乾 摄）

7.3 雅俗心印

任何建筑形态都不会先验地出现，而是从一系列的历史典范中演变而来的。徐渭艺术馆的设计对周边历史街区的院落、肌理和色彩等建筑要素进行有效地抽象、提炼和运用，并在此基础上通过钢、玻璃、混凝土、铝合金等材料，塑造出一种符合当代美学的空间构筑。

徐渭艺术馆的前身是青藤街区已经废弃的机床厂，设计经过对原有空间的勘察，保留了机床厂的纵向空间逻辑、空间尺度和传统屋顶形制，作为一种历史记忆的延续。同时以半透明的大片玻璃、近白色的石质板材、银白色的天棚共同打造出流动灵活的、适用于当代艺术陈列的空间，在外观延续社区固有肌理的同时保证了当代材料和当代空间品质的塑造。同时，艺术馆纯净、轻盈、透明、简洁精致的构成和精美的细部处理，也与周边保留建筑立面在历史变迁中所遗存的斑驳及其所富含的故事特性构成了一种历史与当下的对话。

不同材料的对比、建筑界面的辩证关联、历史场景与当代建筑的戏剧性融合，共同创造出亦庄亦谐的蒙太奇印象，使得徐渭艺术馆既是从城市街区脉络中生长出来的，又指向一种当代乃至未来的文化路径（图7-9~图7-12）。

作为社区内少有的几处大型新建筑之一，徐渭艺术馆的设计并未选择大规模拆除历史民居，而是以"针灸式"的做法活化文化核心区域的整体空间。由于充分考虑了城市现有肌理的延续性，徐渭艺术馆的植入不仅最大限度地保留了现有社区状态，并且也与周边建筑和街道形成了有机的环境共同体。

图7-9 艺术馆东侧庭院（雷坛坛 摄）

图7-10 立面为纸，光作笔（雷坛坛 摄）

图7-11 在老墙与民居的对景中，回头可看到下沉的青藤广场（雷坛坛 摄）

图 7-19　二层南北向幕墙延续了古城肌理，让变化中的城市图景成为新的展陈内容（蒋兰兰　摄）

7.4 砖瓦写意

设计尺度上的多维度考量也是青藤街区更新的重点策略之一。徐渭艺术馆及其周边环境设计致力于营造内外一贯性，艺术馆在入口前的广场上取山水之意向设平地起坡的屋面，一方面为艺术馆内的画展造势，另一方面也在形制上与艺术馆相关联，使人不知不觉从外界的古城民居进入内部的书画天地之中。

在功能上，设计也考虑围绕几个文化核心来统筹整个片区的功能。首先，以徐渭艺术馆为核心，将西侧县府宿舍、青藤广场西侧民居、南侧台门纳入艺术馆范畴，并打开面向人民西路的开口以调整后观巷的交通流速。其次，对青藤街区中的绍兴师爷馆进行了规模上的扩张，纳入更多相关功能，将张家台门纳入师爷馆范畴。另外，青藤书屋南北侧的城市空间也用以服务于青藤书屋，统筹规划了主题茶饮空间、徐渭史料馆、徐渭文创产品店等相关主题建筑空间系列。

徐渭艺术馆和绍兴师爷馆两个核心节点及其周边的功能经过一体化管理，构成了新的青藤文化核心区，并谨慎地植入了文创商店、精品民宿、咖啡酒吧、微展览、手工作坊等内容。

设计不仅对这些区域进行了统筹规划，并且研究了片区内不同尺度的室外、室内空间现有功能，并以此为依托对其进行小尺度的改造更新，提高空间利用率，在不改变民居整体面貌的前提下，使之满足当代旅游区的服务水平和卫生条件。

通过对"片区、街道、建筑、室内"等不同空间尺度中的细节进行统筹设计，得以把控社区整体流线并进行配套的建筑形制和内部空间梳理。这种做法以细节为纽带，确保了从室内到片区在地体验的连贯性，也避免了规划、建筑和室内设计之间因出现不符而影响设计初衷的问题（图7-13~图7-17）。

图7-13 广场上的游客（雷坛坛 摄）　图7-14 喷泉与小孩（雷坛坛 摄）

图7-15 坡地广场（雷坛坛 摄）　图7-16 坡地广场鸟瞰（雷坛坛 摄）

图7-17 起翘的缓坡营建起城市的戏剧舞台（雷坛坛 摄）

图7-18 徐渭艺术馆已经融入当地的社区生活之中（雷坛坛 摄）

在青藤街区综合保护改造中，设计通过青藤广场的植入、总体业态的梳理和公共廊道的扩充，使原本相对逼仄的历史街区得以"呼吸"。青藤广场的设计打破了原有的片区空间节奏，使得整体街区环境更开放舒展。设计将开元弄和后观巷之间三层高的青藤公寓这一极其违和的大红楼拆除，为广场开辟了足够的开放空间。

同时，广场上徐渭艺术馆前的山水入口打破了固有的屋顶与地面的区分，不仅作为艺术馆的一个室外"玄关"塑造氛围，更以生动的肌理塑造了一个有机的公共空间，可供触控水瀑、艺术旱喷、作画表演、艺术集市等多种活动使用，有利于人群的聚集和艺术氛围的拓展。

设计还提出了整体交通规划和地下空间改造的建议，以便满足未来客流量需求的同时，最大限度地解放地面空间。在地下尽可能多地布置停车位，一方面保证地面空间主要由行人使用，另一方面保护历史街区的生活状态和外观。

设计也尝试将新植入的空间立面开放，在不改变街区尺度的情况下，营造更加有呼吸感的街道体验，活化街道立面可有效地提升公共空间人流的行走心态。

对于街区内的民居，设计遵循慎重改造、尊重原始生活状态的原则，但与此同时，由于老城居民希望有更多的共享空间，设计也提出了一些植入公共活动广场和共享客厅的做法，提供更加光照充足、有聚集性和交流性的户外小空间，以便打破原有空间节奏、改善原住民生活环境，让相对闭塞的历史街区得以在流动的空间氛围中"呼吸"（图7-18）。

青藤历史街区综合保护改造，一方面对历史街区的传统文化和城市肌理进行保护，另一方面也带动历史街区向更加符合当代功能需求的方向不断发展，二者的结合正是当下历史街区保护开发的重中之重。

（图 7.11）建筑介入后环境生机（雷坛坛 摄）

攀究细节

7.5 薪火相传

细节也是一个多义的概念,在单体、街区、城市等不同的设计尺度中则会有不同的对应内容。但不管设计所面对的空间尺度怎样变化,摹究细节强调的就是回归匠心,在细微处见功夫[1]。

每个时期都有不同的经济条件以及建筑材料和技术,从而产生不同细节组合的可能性。细节通常产生于建筑的不同功能、结构、形态部位之间的联结部位,或者产生于不同建筑单体相互之间或实或虚的衔接关联中。

建筑应当推崇符合人性情理的细节,这包含了人对生活和事物的态度和体验,应当是情理之中的空间细节。选择材料组合在一起,使得材料通过细节的组织产生了生命力,在细节处理中寻找传统建筑文化精神,从民间建造技术中吸取精华,将地方文化融入细节之中,以建筑为文化载体而得以薪火相传。

绍兴青藤历史街区综合保护改造,挖掘历史街区中被遗忘的细节与片段,从多重尺度介入绍兴古城的保护与更新,将历史变成资源,给予城市新的活力与创意,这正是历史街区实现动态平衡的关键[2]。

传统历史街区的保护更新随着社会环境和公众需求的不同需要不断调整,如何有效通过细节的一脉贯通把城市、街区到单体进行有机组合,实现历史街区的动态再生,这是城市更新探讨的重要课题。

绍兴青藤街区的综合保护改造也验证了在传统历史街区中有效的细节摹究对于活化城市空间样态、提升城市空间品质、升级城市空间功能的积极作用(图7-19)。

---

[1] 建筑应该是功能与形式的完美结合。建筑细节在物质功能上的要求,例如关于材料、构造等物理方面的问题,是建筑细节原发性的基本要求,同时还有城市空间以及精神层面的要求。参见:董丹申,李宁. 知行合一——平衡建筑的设计实践[M]. 北京:中国建筑工业出版社,2021:54.

[2] 同时要随时在整体中考虑细节的合理性,不是为了细节就反而忽视它与整体的关系,细节毕竟是为整体服务的。同时要考虑经济性,投入与产出的平衡始终是设计的支点。参见:胡慧峰,赫英爽,蒋兰. 现代城市设计理论下的历史街区再生——青藤街区综合保护改造项目[J]. 世界建筑,2023(8):76-79.

第 八 章
环 境 溶 融

图8-1 主入口外景（赵强 摄）

图 8-2 东南侧鸟瞰（章晨帆 摄）

8.1 有无之间

人们都会被山水之间的聚落感动，这种感动并不单单是来自历史时空的感触，更在于对这山水之间聚落与基地所呈现的环境溶融关系感到由衷的欣喜[1]。环境溶融强调的是，建筑不光是物理状态地融入环境，而是与环境起到某种程度的化学反应，溶解在环境里而不分彼此。

生态文化在不同历史时期有着不同的表达方式，这代表着人与自然之间关系的不断转型，同时从生态文化的变迁中看到人对自我地位的认识更加理智[2]。环境是人们赖以生存和发展的客观世界，人类依据其自我生息的需要，不断推敲着择居之道，环境中的建筑必然是从特定的情境中生成的，其中包括自然状况、社会规范、经济能力、交通基础和人文习俗等多重脉络。

杭州雅谷泉山庄的设计，探讨了在杭州"西湖"这一世界文化遗产景区环境中的建筑设计如何通过创新性的发展与高完成度的营造来实现历史文脉传承与传统形式的当代诠释问题，阐述了如何使新建筑与老基地的自然、社会、人文等综合环境达成平衡而共同形成环境溶融的态势。项目总用地面积68758 ㎡，总建筑面积31363 ㎡（图8-1~图8-3）。

8.2 西湖烟雨

自公元9世纪以来，西湖的湖光山色引得无数文人骚客、艺术大师吟咏兴叹、泼墨挥毫。景区内遍布庙宇、亭台、宝塔、园林，其间点缀着奇花异木、岸堤岛屿，为江南的杭州城增添了无限美景。

---

1 人是群居动物，聚落是人类群居的载体，聚落样态体现了顺应时空的人居演变。当人们面对世界混沌状态时，就会积极地寻求保护自己的方法，这就是聚居的初始。参见：李宁. 时空印迹 建筑师的镜里乾坤[M]. 北京：中国建筑工业出版社，2023：113-129.
2 如今更强调求同存异、容纳多元生态文化的理论，生态文化的发展与构建需要吸收古今中外文化的合理因素，具有包容力与认同力的生态文化才能指引我们营造出美丽和谐的生态环境。参见：余晓慧，陈钱炜. 生态文明建设多元文化的求同存异[J]. 西南林业大学学报（社会科学），2021(1)：87-92.

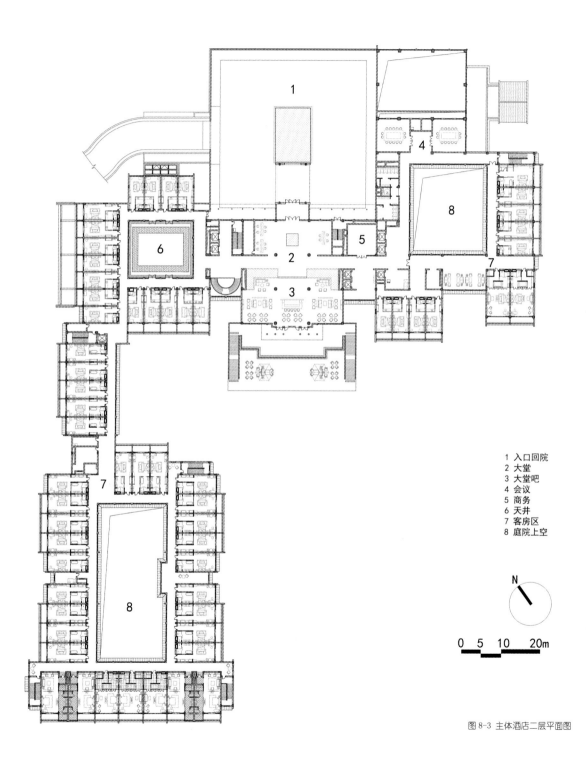

1 入口回院
2 大堂
3 大堂吧
4 会议
5 商务
6 天井
7 客房区
8 庭院上空

N

0 5 10 20m

图 8-3 主体酒店二层平面图

数百年来，西湖景区对我国其他地区乃至国外的园林设计都产生了影响，在景观营造的文化传统中，西湖是对天人合一这一理想境界的最佳阐释，是文化景观的一个杰出典范，它极为清晰地展现了中国景观的美学思想，对中国乃至世界的城市经营、环境保护、文艺创作等方面都有着深远的意义。

杭州雅谷泉山庄基地位于杭州市西湖区虎跑路和三台山路交会处的西南侧山林中，周边山峦蜿蜒，其间溪水清浅，元代画家黄公望曾结庐于此雅谷泉边。

一直以来，这里就是西湖边颐养身心的佳所。因原有的老建筑已不能满足当前的使用需求，故决定整体翻建，新建的建筑面积按"拆1建0.8"来控制，建筑高度控制在12m以内。

鉴于基地在已列入世界遗产名录的西湖风景名胜区相关保护地带范围内，属于严格控制区域。按照《杭州西湖风景名胜区总体规划》《杭州西湖风景名胜区管理条例》的要求，设计须充分考虑西湖自然与文化景观特色，不能破坏西湖山水空间构架和尺度感。

雅谷泉山庄项目定性为以健康养生为主题的精品酒店，设计遵循"尊重自然环境，传承历史文脉"的宗旨，以期达到"自然与人文并重，情景化与合理性共存"。设计首先从基地的地形地貌出发寻求功能布局与空间组织方式，同时梳理分析杭州的地方人文与建筑特征，通过传统建筑意趣的当代诠释，以适宜的建筑构造与技术来营造环境溶融（图8-4~图8-6）。

图8-4 主体酒店客房外景（赵强 摄）

图8-5 主体酒店一角（赵强 摄）

图8-6 主体酒店南侧开敞草坪（赵强 摄）

图 8-7 山庄入口回院北侧对景（赵强 摄）

8.3 时空对位

江南的院落式建筑,既不似平原的宽阔方整,也不同于山地的陡峭险峻,而是在舒缓的起伏错落间,与起伏的地形一起孕育了独特的江南韵致。看似平凡简单,但在起承转合之间,如江南民谣一般吟诵着与山水相依的韵律。

总体布局中,结合基地特征将雅谷泉山庄分为四个区域:主体酒店区和三组独栋客房区。主体酒店区是在相对平坦的原建筑旧址上进行布置,以避免新建筑对现有林木的破坏。独栋客房区则错落于山林树木之间,包括紧邻主体酒店的院落式独栋客房和位于主体酒店区西侧坡地上的两组院落式独栋客房。

主入口回院用极简的设计手法,试图呈现"计白当黑"的效果。回院中央布置了方形浅水池,水面一角及围墙一侧点缀以雅致的山石,另三个方向则以高低变化的粉墙黛瓦为背景。北侧院墙的背后是基地内保留的一排古老的高大水杉,白墙与古树的水

墨意象倒映在平静的水面上(图8-7),勾勒出入口空间的静谧和禅意,使人不经意地进入"雨后清奇画不成,浅水横疏影"的诗情画意中。

主入口中轴线两侧的庭院串起了酒店公共区的主要功能模块。东侧庭院保留了基地内原有的高大乔木,配以别具野趣的灌木、一席座椅、几缕茶香,勾勒出幽静与雅趣。西侧庭院在青石铺地的中央置一樽古朴的中式大缸,四周背景则是中式落地门窗与青瓦屋面。每当雨天,雨水从四周的屋檐落下,连同水缸里泛起的水花,呈现出一幅烟雨江南的静谧场景。江南人,留客不说话,且听雨声。

主体酒店的西南侧是客房区,客房围绕着中心绿化大庭院布置。大庭院的绿草茵茵中,数株乔木、几丛灌木、山石和一角古亭使得庭院层次丰富且富有场所感。从客房中卷帘相望,但见罗幕轻寒、燕子双飞去(图8-8~图8-11)。

图 8-8 主体酒店西南侧院落(赵强 摄)　　　图 8-9 主体酒店西南侧院落水景(赵强 摄)　图 8-10 主体酒店西侧二层屋顶庭院(赵强 摄)

图 8-11 内天井与水缸（赵强 摄）

主体酒店东南侧的独栋客房区中，在最南端设置了一幢总统套房及其院落。位于基地出入口西侧的独栋客房区是进入基地的第一印象，因此在面向主入口通道的界面上有意识地将山墙连通来形成整体的粉墙黛瓦背景，变化的轮廓线与点缀其中的月洞门呈现出传统江南园林建筑的经典意象。而位于西侧较高坡地上的独栋客房区则尽量将建筑体量做小，使之隐映在山林中，从山坡下望去，但见林木潇潇中隐约闪出楼台一角。

通过变化的院落组合、因地制宜的高低错落以及不同的开放度和连贯性，建筑序列空间的起承转合清雅宜人，生动表达了江南园林因势互存、有无相生的艺术与哲学观。

8.4 庭院青苔

作为浙江省医疗健康集团旗下的首家健康养生主题旗舰酒店，其功能上还将引进健康体检、中医治未病、健康管理等系列业务，以此构建"酒店+健康业态"的新型产业集群。面对人们"悦享幸福生活"的追求，雅谷泉山庄努力成为促进"心灵共振、情感共鸣和精神共享"的理想场所，而这一切均与顾客的身心体验有关。伴随着"回到生活世界"的时代宣言，强调"体验性"成为建筑功能组织的基点。

雅谷泉山庄的客房共182间，其中主体酒店客房109间、独栋式客房21幢计73间，配有宴会厅、中餐厅、全日餐厅、会议室、健身房、室内泳池等配套设施。功能上除了满足正常的旅游度假、商务会议、中西餐饮以及健康休闲等服务外，还能满足政务接待等需求。山清水秀的天然氧吧、传统的院落布局、具有独特艺术魅力与人文内涵的江南建筑意趣，构建了系统的体验性组合空间（图8-12~图8-17）。

图8-12 大堂（赵强 摄）

图8-13 客房（赵强 摄）

图8-14 会议休息区（赵强 摄）

图8-15 餐厅（赵强 摄）

图8-16 大堂吧（赵强 摄）

图 8-17 总统套房院落（赵晓 摄）

环境溶融

从建筑局部空间到整体空间序列，从墙、柱、门窗等建筑构件到整体形态，都承载着丰富的信息。

天井、花园、山墙、屋脊、檐口、檩架、牛腿、窗格等经典的杭州建筑传统细节被提炼和再演绎，融汇在雅谷泉山庄空间组合与建筑部件中，使得山庄在富有江南韵味的基调上体现了杭州地方建筑的文脉延续。

门窗采用铝包木或纯实木，并有意识地将传统建筑的花格窗适度简化，以体现时代性和当代的设计感。经过反复的构造比较和材料挑选，菠萝格木外墙挂板的肌理效果成就了建筑群体中弥足珍贵的暖色基调，它掩映在黑色小青瓦下，烘托着白色外墙，又成为基地内高大水杉林的背景，给步移景异的场景增添了生机和禅意。地面多采用青灰石板，古朴精致，蕴含着岁月和沉淀。

设计从整体到细部都着力于提供适于栖息与体验的感受，既可远观，又可近品，产生具有层次性和逻辑性的情境建构，进而上升到精神上的愉悦。建筑体现着人的活动与特定基地环境的一种生态关联，基地环境则是一个综合的整体系统，有着自身的历史、现存和发展脉络。中国传统文化和哲学精神中，天人合一的宇宙观、物我一体的自然观以及阴阳有序的环境观一直作为基本的理念影响着中国建筑的发展，使中国建筑无不在用诗意的方法来体现意趣和理想。

雅谷泉山庄镶嵌在西湖山水中，在动静相宜、虚实相生、高低相盈、循序渐进的空间组织与韵律下，产生了檐下、院内、巷尾、墙边、亭中、林间、水畔等多种多样的空间感受。在"实与虚"之间的游走与经历中，实现人与建筑、自然、历史、文化的通感与诗化体验，新鲜感与似曾相识交织在一起，引发了体验者的情境认同（图8-18）。

设计致力于通过组织建筑与景观要素唤起人们对传统美学的联想，"隔院兰馨趁风远，邻墙桃影伴烟收"，这些情景化的要素因季节时辰而不同、随晨昏晴雨而变幻，遐思悠远。

图 8-18 西湖山水间（章晨帆 摄）

环境溶融

8.5 落英依旧

又一次来到杭州雅谷泉山庄的庭院，又一次走进设计之初的构想之中。庭阶寂寂，砌下落英依旧，却是变换了时空。

人在建筑中活动，对建筑空间的需求并不是单一的。生活的多样性以及人们在环境中的行为和心理特点，决定了对建筑空间的要求也必然是多样的，这不是通道式和孤岛式的开放空间能够满足的，其中必然涉及对社会文化变迁的感知[1]。

在整体社会环境的演变中，其中的建筑创新往往都是由局部创新开始，经过充分的建筑实践后，才会出现从各个方面全面展示创新的建筑作品[2]。寻找潜在的环境肌理和空间秩序，并贯穿于设计的始终，表达对延绵于其中的传统和历史的尊重，使新建筑与环境更好地共生，继而形成新的环境共同体延续下去。

尊重环境，善于创造一个过去和现在共生的环境，尝试创造一种现代与历史的共存。社会环境的凝聚力、发展潜力取决于人们对社会的认同度，这与其文化和发展状态密切相关。建筑作为一种文化载体，理应成为联系过去和现代的一个场景构件，从而对社会演变的历史背景有着支持和暗示作用。历史形态的现代转型，是社会进步与复兴的潜能所在。

通过杭州雅谷泉山庄的设计，也试图对如何在快速的城市化进程中保持和发扬地方建筑的文化特性并倡导地方建筑应有的文化自觉进行一定程度的探索[3]。

---

1 建筑是其所处社会形态和文化的缩影，相应地，设计的认识和手法也会随着社会文化的发展而不断进化且难免有所反复；针对特定环境，集体记忆、身份认同、传统、历史和文化等都是重要的主题，也是思考如何与过去建立联系、如何为建筑实现一个可持续未来的切入点。参见：莎莉•斯通，郎烨程，刘仁皓. 分解建筑：聚集、回忆和整体性的恢复[J]. 建筑师，2020(5)：29-35.
2 建筑创新和社会的发展有着千丝万缕的联系，任何建筑创新无疑地要反映当时社会历史条件的特点，工业革命不仅带来了建筑科技的进步同时也促进了建筑理论的发展，科技进步和观念创新成为建筑创新的直接来源。参见：艾英旭. "水晶宫"的建筑创新启示[J]. 华中建筑，2009(7)：213-215.
3 通过自然与人文、院落与场景、栖息与体验、意境与诗化等方面的着力，营造出"庭院深深深几许"的江南意趣，是杭州雅谷泉山庄与西湖景区达成环境溶融的关键。参见：胡慧峰，董丹申，李宁，贾中的. 庭院深深深几许——杭州雅谷泉山庄设计回顾[J]. 世界建筑，2021(4)：118-121.

第 九 章

终 身 运 维

图9-1 南国书城天一图

图9-2 西北侧总体鸟瞰（黄海 摄）

9.1 光阴荏苒

平衡建筑强调在全寿命周期内的建筑设计观，关注功能需求的动态变化，慎思设计对建筑委托方、使用方及社会的责任，关注终身运维。世间万物无不是在动态发展的，将建筑本体放到时间维度中，从其整个寿命周期来审视，终身运维这一设计原则的重要性就越加凸显[1]。

人们往往把建筑看成是建成的一个静态房屋，建筑设计也主要关注设计和建造的过程。事实上，随着时间的推移，建筑所承载的功能和使用者的需求都会变化。慢慢地，建筑又会破损、老旧，甚至拆除，或者经过改造而为不同的人重新提供新的功能载体。这些在建筑生命周期里的变化和生机，正是需要建筑设计在终身运维的视角中谨慎地综合推敲[2]。

宁波天一阁古籍库房扩建设计是一次很难得的经历，从现场踏勘、设计、营造、项目回访等过程中，感受到天一阁整个建筑群组如同几百年来一样，吐故纳新、波澜不惊。项目总用地面积4080 ㎡，总建筑面积3690 ㎡（图9-1~图9-3）。

9.2 脉络肌理

天一阁始建于明嘉靖年间，是我国乃至亚洲现存历史最久的私家藏书楼，如今也是人们游览宁波时大多要去访谒的一个文化地标。历史上，天一阁为中华民族的精神史提供了一个小小的栖脚处，也为清代《四库全书》的编纂作出了巨大贡献。

现代以来，天一阁的维护已成为一个社会性的工程，不再靠一家一族的力量来艰难地支撑了。尤其在改革开放以来，天一阁

---

1 建筑的生命周期，远远跨越了一个人、一代人甚至几代人的生命周期，建筑的价值从本质上讲是一种超越性的生命价值，即通过将人类个体在有限生命中的创造，与逾越一代人寿命的更久远的时间相锚固而获得更加深邃的意义。参见：李宁，李林. 传统聚落构成与特征分析[J]. 建筑学报，2008(11)：52-55.

2 建筑从一开始出现就不是静态，只是相对来说建筑的运动过程与人对时间的感知相比显得很慢。建筑从一开始出现就蕴含着时间的特质，只有把建筑理解为一个生命体，才能看清其产生和消亡的全寿命过程。参见：李宁，丁向东. 穿越时空的建筑对话[J]. 建筑学报，2003(6)：36-39.

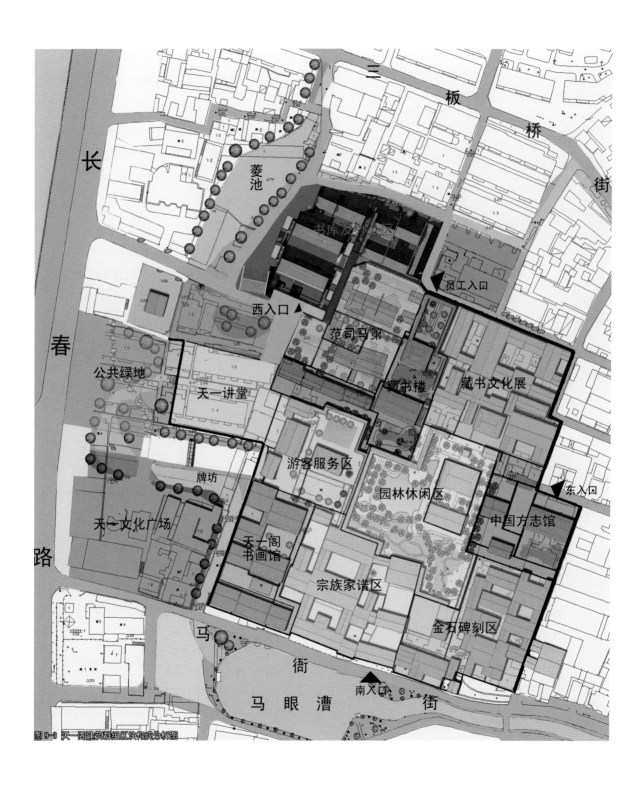

三
板
桥
街

长

春

路

菱池

书库文物区

西入口

范司马第

员工入口

公共绿地

天一讲堂

藏书楼

藏书文化展

游客服务区

园林休闲区

东入口

牌坊

天一文化广场

天一阁
书画馆

中国方志馆

宗族家谱区

金石碑刻区

马

衔

眼

漕

街

南入口

图9-3 天一阁建筑群组区块构成分析图

进行了多次修缮和充实，焕发出新的生命力。1981 年在天一阁北侧新建了三层藏书楼，1982 年扩建东园并移建清代古建筑凝晖堂和林泉雅会馆于园内，1991 年将秦氏支祠等古建筑群划归天一阁群落，1996 年在天一阁之南修建南园并移建清代藏书楼水北阁于园内。2007 年，时值天一阁建阁 440 周年之际，在天一阁建筑群西北侧扩建古籍书库及辅助用房，以解原有库房不能妥善保护珍贵古籍之忧，也为古老藏书搭建一个现代化、数字化、高科技化的居所。

天一阁位于宁波市月湖明清建筑保护控制地带的核心，因其而发散出的天一阁保护区建筑控制地带形成了丰富而致密的整体聚落肌理。天一阁周边的城市街区肌理，多以一组或者多组建筑围绕一个中心所构成的院落组合为基本单元组织，分别在纵深和水平方向形成院落式组合形态。

天一阁建筑群的组合肌理却有别于上述周边街区空间中致密的交织样态，形成了自身的组团肌理。随着历年的扩建和移建过程中所遵循的次序，天一阁建筑群形成了南北方向上的院落组合序列，表现出周边街区交织肌理中没有出现的方向性。

基于上述分析，考虑到古籍库房扩建工程处在天一阁建筑群与周边民居建筑群的交接带上，扩建设计需要同时表达两者的肌理关系。

扩建设计延续了天一阁在南北方向上的院落组合方式，设置了以藏书功能为主体，辅助功能、办公功能为两翼的三个平行院落组，由巷道串联空间组合关系，通过南北方向的纵深设置表达天一阁建筑群的生长和延续（图 9-4~图 9-6）。

图 9-4 古籍库房扩建功能分区示意图　　图 9-5 扩建一层平面图　　　　　　　　　　图 9-6 南北向排列的普本书库与水院（黄海 摄）

图 9-7 幽深小巷（黄海 摄）

同时，扩建设计在西侧的辅助院落最后一进进行了90°的扭转，东侧的办公院落更是着力表现东西向的展开，使其从两侧限定出一条东西向的辅助轴线，和主要的南北向轴线交错。从而在邻接月湖明清建筑保护地带的基地北侧，实现了与周边民居肌理的双向交错。从基地的聚落结构分析中提炼出扩建设计的立足点，并以此作为设计推进的依据。

9.3 廊前阶下

扩建工程的基地南侧是天一阁的入口广场，紧邻整个园区的主入口，因此设计在南侧退离建筑控制线6m，与已有建筑及西南

侧的范鄩故居限定出一个新的"T"形广场。

这样，适度解决了目前入口区狭小拥挤的局面，强化了天一阁园区主入口的场所空间，增加了从天一路方向进入园区的层次感，同时"T"形广场在方向上的多义性，引喻和包含了天一阁建筑群南北方向的发展趋势。

基地东侧与天一阁老建筑群之间有一条小巷，围墙斑驳，古树探出墙头，显得静谧且幽深，实为难得的精彩。

扩建设计替换了小巷中西侧的高墙，保留小巷原有的纵深和穿行的体验，小巷两侧新老不同的宅墙、葱郁的古树、静谧的庭院，形成了时光、自然与建筑的对话（图9-7~图9-9）。

图9-8 不同墙体材质的对比（黄海 摄）

图9-9 墙头老树与静谧庭院（赵强 摄）

基地西南侧是距今约五百年的保留建筑范鏊故居，设计以院落串连的方式把故居和新建筑组织为一个整体，前后五百年的建筑群落因此机缘而相互凝视，融为一体。

基地内有十余棵古樟树，与天一阁的树木顶冠相连，郁郁葱葱，是基地中最宝贵的自然遗存。设计一开始就确定了保留古树的宗旨，并由古树的位置决定庭院的位置和大小，使建筑空间与庭院植被充分融合，相得益彰。设计通过对入口广场的处理、巷道的恢复、新老建筑的融合、古树的保留等，传承了天一阁建筑群丰富的空间组合模式（图9-10~图9-12）。

9.4 天一生水

扩建设计中藏书量最大的普本书库有近 800 ㎡的容量，需要一体化的大空间。这与园林式、院落组的传统聚落形态有较大的矛盾。设计的相应对策是把整个藏书功能的院落组在二层平面上展开，让普本书库成为院落的基座，二层的三进分别放置善本书库、字画碑贴、新版地方志以及配套的研究室。这种布置最有效地化解了普本书库所需的一体化大空间需求，保证了书库的整体性和管理查阅的方便性。建筑形态上巧妙运用了月湖明清建筑群中普遍存在的前后两层小楼夹着庭院的模式，自然地解决了建筑形态传承与现代功能配置之间的矛盾。

普本书库位于整个古籍新库房区的核心，与周边建筑的青砖外墙不同，其立面材料采用了更纯净扎实的黄色砂岩，寓意藏书保护所需要的坚固和安全。书库前端通过静谧的水院与贵宾休息室相望，呼应了天一阁"天一生水"的主题（图9-13）。

图 9-10 书库屋顶的庭院（黄海 摄）　图 9-11 二层庭院与东侧小巷（黄海 摄）　图 9-12 历经风霜的老树（黄海 摄）

图 9-13 普本书库、水院与东侧的天一阁老建筑（黄海 摄）

围绕着核心区书库，左右是安保研究、办公管理，前后有贵宾接待和设备室等，系统地提供各种配套设施。设计在基地东侧安排了管理用房，有利于新老建筑功能的联系和连贯。保留基地与天一阁老建筑群之间的东侧院墙，作为新老建筑的缓冲。整个设计的流线以巷道来结合庭院、回廊，功能组织连接合理，空间曲折有致。通过功能的植入、流线的组织，古籍库房扩建工程的形态得到了转换深化。

古籍库房既是文保、书库、办公、研究等诸多功能的建筑载体，也是天一阁整体景观不可分割的一部分。设计充分借鉴了月湖明清建筑群的建筑意象，对传统形式如坡屋顶、封火墙等进行了一定的提炼和简化。

用青砖、条石、木格栅等传统用材塑造沉稳典雅的传统建筑气质，同时在恰当部位使用现代材料和造型形成适度的对比和反衬，妥帖地把握继承和发扬的分寸。

扩建设计致力于营造一个具有文化气息的现代院落系统，南北和东西两条空间序列，形成连廊相望的层次感。

大体量的普本库房周围布置尺度相对较大的树院和水院，东侧办公区和西侧辅助区设置小尺度院落空间，空间疏密有致，流线曲径通幽，注重空间光影的变化。有规则的序列空间中不乏形式多变的侧院、别院和夹巷，视觉和空间变化与天一阁在历史文化中的气质和格调相熨帖（图9-14~图9-16）。

这种美妙的整体意象来自于设计的整合，通过立面手法的取舍、院落尺度的调整、园林意象的呼应，演绎出恰如其分的古籍库房新形象。

图9-14 树院（黄海 摄）　　　　图9-15 围墙与爬藤（黄海 摄）　　图9-16 建筑避让老树（黄海 摄）

图 9-17 天一生水

终身运维

9.5 文化印迹

建筑在其各个发展阶段都会达成一种平衡，但这种平衡是动态平衡。当建筑与人的需求等变量发生改变时，原有平衡就被打破，需要构建一种新的平衡。这时应当以可持续发展和绿色生态的理念，通过专业素养和专业技能，对面临的问题进行分析、处理，以应对来自人、功能、环境、社会等因素的挑战，推演新平衡的最佳可能性并谨慎地付诸实施[1]。因此，终身运维的平衡建筑设计，更关注的是过程和进展。

建筑全寿命周期是指从材料与构建生产、规划与设计、建造与运输、运行与维护直到拆除与处理的全循环过程。技术在不断发展，人们的需求随着时代的不同而演变，社会环境也影响着人们的消费偏好和审美倾向。

天一阁古籍库房扩建工程与普通新建工程不同，需要进行细致的调查、冷静的分析和妥帖的提炼。天一阁已经不只是一个藏书楼，实际上，已成为一种彰显自强不息、厚德载物的文化印迹。设计试图采用理性与节制的设计手段，让满足现代藏书功能的物理空间真正生长在古老的文脉之中。

在文化沟通日益便捷的现代，天一阁的主要意义已不是以书籍的实际内容给社会以知识，而是作为一种古典文化事业的象征而激励大众（图 9-17）。天一阁让人联想到中国文化保存和流传的艰辛历程，联想到一个古老民族对于文化的渴求是何等坚韧和神圣。我们有幸参与到古老天一阁生命延续与运维中，更能体会到天一阁所蕴含的文化良知在当代继续发出的光亮[2]。

---

1 面向全寿命周期，对设计的均衡性与前瞻性进行充分的思考和把握，将可持续性和可扩展性作为设计的一个要素进行认真细致的考虑，运用智慧和技术手段使建筑具备持续适应环境变化和功能变化的能力，让建筑在全寿命周期内始终处于动态平衡之中。参见：李宁. 平衡建筑：从平衡到不平衡、再到新平衡[J]. 华中建筑，2024(6)：71.

2 当把建筑放到时间维度中，从全寿命周期中审视的时候，建筑设计所关注的内容就变得更加宽广，建筑设计所把控的方面将更深入，建筑设计所产生的影响将变得更加深远。参见：胡慧峰，钱晨，姚冬晖. 设计中的起承转合——宁波天一阁博物馆古籍库房扩建设计[J]. 建筑学报，2012(6)：90-91.

第 十 章
获 得 感 动

图 10-1 群山中安静的小庭院（章晨帆 摄）

获得感动

10.1 情境激活

平衡建筑强调建筑设计要合情合理、真情实意，追求让与建筑相关的各方主体能够获得内心的感动。

平衡建筑以感触人心为宗旨，必然想方设法让建筑呈现出温暖而慈悲的祥和气质。建筑开始表现为结构支承、管线综合以及各种建筑部件在物质层面上的组合，但一个处在特定情境中的建筑空间体，还要能应对特定的心理预期与需求，进而能承受时间流逝的磨砺而显出历史厚重之美，同时还能吸纳因人的活动而注入的人文内涵[1]。

在浙大青源智谷改建与更新中，以激活情境的方式来体悟如何在特定建筑院落空间中获得感动。该项目利用浙江桐庐县江南镇青源村的青源小学旧址加以改建，总用地面积3474㎡，总建筑面积602㎡（图10-1～图10-3）。

10.2 现场触动

为了促进高校与地方的产学研合作，也是为了共同建设高水平智库，浙江省桐庐县人民政府与浙江大学青年教授联谊会签约决定建设"浙江大学青年教授科技创意基地"，取名为"青源智谷"。

用作基地的青源小学旧址在青源村北的半山腰，因山间用地的限制，不能满足小学发展的需求，小学已迁建至山下，故而这老院落暂时闲置。

现场踏勘时，从山下仰望半山腰若隐若现的老房子，颇有云深处的感觉。依山路拾阶而上，缓缓登上半山腰，觉得有一种似曾相识的亲切。

---

1 建筑设计的复杂，不单是物质层面的协调与组织，更在于意识层面的应和与平衡。建筑的感染力，不是人们对混凝土、玻璃和钢等诸多建材的激动，而是由这些建材所支撑的建筑空间组合，在特定情境中对受众的心灵感召与引发共鸣。参见：董丹申，李宁. 在秩序与诗意之间——建筑师与业主合作共创城市山水环境[J]. 建筑学报，2001(8)：55-58.

图 10-2 南侧鸟瞰（章晨帆 摄）

获得感动

基地南侧围墙上有个不大的校门，校门右侧有用瓷砖拼贴而成的小学生日常行为规范和全国地图，地图上写着"胸怀祖国放眼世界"，似乎当年小学生的嬉闹声还回旋在院子里。

进入基地，东侧围墙上依稀可见"热爱祖国热爱人民"的红色大字，仿佛自己回到了青葱懵懂的烂漫时光。基地中，西、北

两侧的两栋单层坡顶老校舍转角排列，与东、南两侧的围墙共同围合了小院落。

围墙外有几处不大不小的平台，院落四周环绕着层层叠叠的青山，风吹过，山林应和。小院落虽然破败陈旧，却凝聚着当地的历史人文和自然风情。

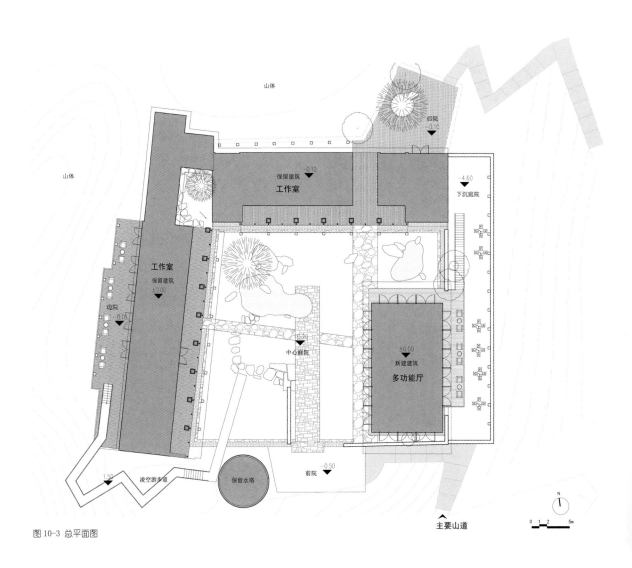

图 10-3 总平面图

图 10-4 衔接与共生（章晨帆 摄）

老校舍的木构架和檩条看来已是年久失修，挂瓦条、木望板和瓦片等大部分皆已破败不齐。一座老水塔在南侧围墙外，依稀可见塔身上"青沅水池"的字样，据说这水塔曾经承载着全村的供水需求，村里通了自来水后已被废弃不用。陪同踏勘现场的年轻大学生村官说：设计在改造的时候，能不能别都拆了，给这村落留一些记忆？

确实，小学旧址承载了青源村几代人的记忆。斑驳的墙面上岁月的痕迹仍清晰可见，校园旧址中的总体格局应该是可以被留住的。

年久失修的各种构件，略经修整，还会是这院落里最温馨的存在，继续携带着时光流淌的印迹。当年的学生若故地重游，可以发现这儿还是他们儿时筑梦的地方，回忆仍能涌上心头。

现在设计要做的是，赋予它新的活力和神情（图 10-4）。

10.3 建筑匹配

与基地老故事的相遇，犹如遇到一位似曾相识的当地人，读懂他、尊重他，却不过分惊扰他。彼此保持合适的距离，也许是一种最适宜的设计态度。

从我国成功的聚落改造来看，都努力使聚落与环境脉络保持一致并将具有独特性状的情境加以激发，充分发挥出基地的潜在力。设计对老校舍的屋顶内外进行"修旧如旧"的整理，对墙身柱子等给以适度的维护与加固。拆除相对破败的瓦片、挂瓦条和木望板，保留、打磨、处理并加固大的木梁和木檩条。安装新的木望板、挂瓦条和瓦片等，使之生机再续却不失旧貌。

老校舍的室内，有两处墙体因粉刷脱落而裸露呈现的石砌墙体，色彩细腻、肌理密实，修整后是一个绝佳的背景，因此把该房间改造成一个小型视听室。老校舍的外廊部位，鉴于檩条、望板的破旧和秩序感缺失，遂采用新设木构架和定制编织凉席的构造做法。通过卷轴可以手动操控席子的长短，从而让原有朝向内院的走廊外立面构成新的建筑语言。新柱廊的序列感和特定的灰空间感受，让展示在内院的老建筑有了新的表情，而不失原初的尺度与记忆（图10-5~图10-7）。

如何安放一个满足新功能的建筑单体？毕竟，每年将要在此举办若干次小型峰会或论坛，因此需要一个可以容纳百人的多功能厅。设计选择了基地东南侧的位置，这里可以远眺山下村落和远处群山。多功能厅的总体尺寸为16m×8.8m×4.5m，四周立面用2.4m×4.2m可全打开的落地玻璃门扇均质排列来展开，以此诠释建筑的消隐，传递出一份宁静与温馨（图10-8）。

1 原有木构架维护
2 瓦屋面檩条翻新
3 竹帘卷帘
4 原砖柱加固
5 实木封檐板
6 实木框架
7 大颗鹅卵石
8 路缘石收边
9 铺白色小颗卵石

图10-5 改造建筑的外廊剖面大样　　　图10-6 庭院围合（赵强 摄）　　　图10-7 室内老墙体改造（赵强 摄）

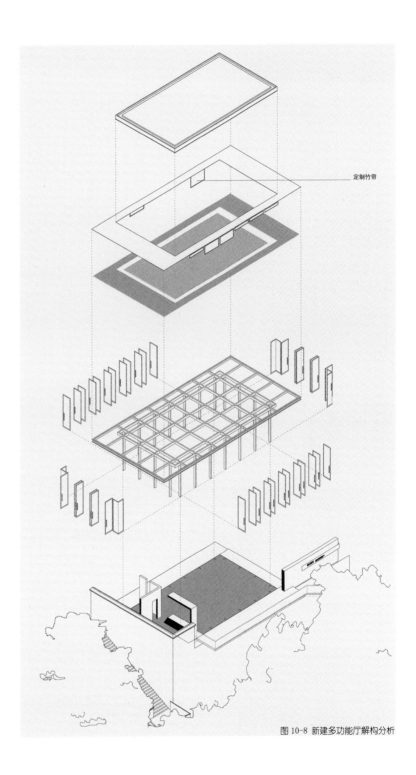

定制竹帘

图 10-8 新建多功能厅解构分析

获得感动

图 10-9 通透的新多功能厅（赵强 摄）

设计让结构达到一种尽可能通透、几乎全玻璃的效果，构建一种尽可能消解、能够全打开的界面，让建筑尽可能地消隐。从而让庭院空间视觉尽可能无遮挡，让结构构件本身尽可能无形和轻盈（图 10-9）。

透过通透的多功能厅来到院子的，无非东山明月南山风。

10.4 院落整合

多功能厅的东侧，有一个低了一层的户外平台。大概原先有过一排平房，围了一圈石砌的墙体，只是没了屋顶。石墙上面有许多洞口，洞口已不完整，但从洞口望出去的景致怡人依旧。设计用矩形的金属锈板给那些洞口加设了取景框，从里向外望，古朴的、当代的、自然的村落与山林景观，突然间有了不经意的融入感和设计感。

给石墙内侧荒芜的平台铺了一层简单的户外地板，在平台西侧增加一个白色的钢梯组织了与新建多功能厅的交通联系，从而完成了上、下台地之间的沟通（图 10-10、图 10-11）。

从东侧山下或远处山头望过来，新建的玻璃盒子晶莹剔透地嵌卧于砖石老墙的古老记忆中。树木的枝桠摇曳、玻璃门或开或掩，呈现了一个老场景的新画面。夜幕下，发着暖光的新建筑展示着浙大人在这里注入的新鲜力量。

图 10-10 下沉庭院（赵强 摄）

图 10-11 下沉庭院中保留的墙壁与窗洞借景（赵强 摄）

院落隐映于林木山色之间，在布置上采用了对景、框景等手法，创造出步移景异的园林情趣。人们在院落新空间序列的体验中，会感受到场景及其秩序的变化，犹如音乐与戏剧中的主题与结构的变化，从中体验到愉悦感、趣味性，感受到一种场所氛围的感染力（图 10-12）。

原东侧围墙仅保留偏北一小段老墙，墙身中部包了大半圈锈板，内外两侧均镶嵌了"浙大青源智谷"的标记，形成了一个重要的视觉焦点（图 10-13）。多功能厅的玻璃门扇与改造后的两组老柱廊的比例尺度彼此默契，从院落打量新、老建筑，在背景群山的映衬下，感受到一种有对比张力的新整体氛围。

南侧原小学的入口处，拆除了西半边的围墙，保留了东段留有时代痕迹的瓷砖拼贴，从而让斑驳的水塔彻底呈现出来，成为院落不可或缺的景观元素。在水塔的西侧，从内院临空引出一段户外廊道，在成丛的灌木上方绕过场地西南侧，即可在步移景异间走到老校舍的西侧边院平台。那里可以远眺西侧群山，近处的坡地上还有一片果园，俯仰之间，心旷神怡（图 10-14）。

在充分解读环境基础上的设计生发，使院落表现出一种端庄与舒展的形态。其本身隐于山林的位置与地势，使该院落的空间组合与整体村落高低相盈，相得益彰。在峰回路转之间，如柳暗花明一般，将新的使用者迎入其中。

图 10-12 庭院与檐廊呈现出老场景的新画面，人们在院落新空间序列的体验中，会感受到场景及其秩序的变化（赵强 摄）

图 10-13 庭院东北侧院墙（赵强 摄）

图 10-14 户外廊道与庭院（赵强 摄）

图 10-15 东南侧总体鸟瞰（章晨帆 摄）

获得感动

层层山坡隐没在雾里，朴实的建筑错落在山林中，远处的亭阁点缀在山峦之间。

漫步小院，环顾四周，一个主题沉寂下去，又带出另一个主题，山林的和弦中编织了人们活动的欢快音调。新的院落空间与原有的故事延续相契合，体现出整体的延续性 (图 10-15)。

10.5 悠悠故园

在旧貌换新的木构架下，在消隐通透的玻璃盒子里，在挑檐下或平台上，感受着那些留着记忆的斑驳墙体和充满着故事的遗存[1]。远眺群山，云淡风清。

不刻意、不张扬、不炫技，适宜地处理好改建与基地环境脉络的匹配关系，隐逸地整合好一个满足新功能的老院落，是设计的一种态度。新老之间、内外之间、上下之间、远近之间，设计希望都是宁静并且和谐的。觉得似乎本来就是这样的场景，只是重新激活了其中的情境而已。

获得感动，平衡建筑十大设计原则之一，而要让人获得感动则离不开"情境"。作家通过文字来营造情境，音乐家通过声音来营造情境，建筑师则通过建筑材料来营造情境[2]。方式虽各不相同，但目的是相同的。

在浙大青源智谷改建与更新中，通过延续古老记忆来激活古老院落的情境。有了记忆，有了情境，于是便有了感动。

---

1 在设计过程中，"形象、意象、意境、境界"应该作为一个整体进行通盘考虑。考虑的角度，必然是从建筑设计者所"以为"的，转向建筑的"受众"所"接受并感受到"的。参见：胡慧峰，李宁，彭荣斌，蒋兰. 情境激活——浙大青源智谷改建与更新[J]. 建筑学报，2019(4)：76-77.

2 建筑要让人感动，实体和虚体同样重要，都是触发人们进入特定情境的感知媒介。每个人心中都会有一些生活的场景记忆，通常也不会刻意去想，但常常在不经意间浮现出来，它是我们记忆中充满乐趣的情境。每个人心中也都会有一种熟悉的触动，常常随特定的记忆情境而忽然涌现，它是我们认知和把握这个世界的良知感应。参见：董丹申，李宁. 知行合一　平衡建筑的设计实践[M]. 北京：中国建筑工业出版社，2021：137.

结　语

在我们建筑设计实践的语境里，建筑的社会意义和其对于建筑学本身的设计价值是两个互不冲突、都需追求的层面。作为个体建筑师或个体团队，持续努力去寻找一些建筑学本身的东西是必须的，但是在整个建筑师群体的层面上，建筑首要让使用者觉得满意，这是衡量一个建筑好坏的基本标准。

同时，对建筑责任感的重视应远远强于对形式的重视，也就是说，带来更加美好的人居环境，带来更积极的社会效应，才是最重要的，这应是建筑师群体存在的终极意义。

建筑不应生存在真空里，但现实是，建筑设计经常被其他因素所扼杀，而不是体现本真的想法。很多建筑显得冷漠，似乎是为了建筑而建筑，或者为了学术而学术。到山上去盖一个孤零零的房子，只有一两个人住，风景极好，如同一个世外桃源，然后就说这个建筑很有意思。这种生活方式已经超越了人本身的社会属性，是在逃避社会。重要的是，能否这样去评价建筑。把建筑真空化、形式化、图片化、文学化，其实是难以持久的。

对"回归建筑本原"进行更多思考，会愈加重视建筑是否能够给人居环境带来积极的社会效应，建筑师需要重视自己的社会责任。其中很重要的一点是，不要过度设计。同时，不要把个人的思想强加于他人身上，因为这个建筑毕竟不是建筑师使用的，要为使用者考虑。此外，不要过于沉迷在个人的思想和业务里，还是要时不时地脱离出来，要为项目的公共性和公平性考虑。

建筑师还是要公平地判断建筑对整个社会的效应，要有一个立场，并将它告诉社会，因为建筑师不是纯个体艺术家，而是在社会里慢慢成长的，牵扯到自然、社会、政治、文化、经济等许多因素。既然建筑是有公共性的，那么在不同的场合、不同的责任范畴内，建筑师都要表达自己的声音。

过度设计有两层含义。一是有时候在设计过程中会慢慢偏离项目的本意，去过度关心建筑本体不要的东西并做得很多。比如在一个小学项目里，把小学生关注的校园空间、活动场所等内容做好是本分，结果设计却在建筑的表皮构造、材料使用等层面过度表现，这是跑题。

过度设计另一层含义是，将建筑师个人的意愿、标签过度地贴到项目里。建筑本身应该是使用者满意就可以了，或者说与建筑关联的群体希望它是一个放松的状态，然而设计拼命地要把有些无中生有的或者带有强烈个人意向、个人标签的内容强贴到这个项目上去，以表达建筑师自身具有的系列性、个体性。建筑师对这种自我发挥和自我意识，应该警惕并加以自律。

建筑异化主要是在未来科技的层面，包括超现实的、非人类的，等等。今后可能会有当下想象不到的场景出现，建筑学也将会面对无法预料的问题，很多情形或许必须以一种与当下截然不同的方式去回应。但我们永远可以向内看自己的思想，内省自己的行为，认识到人还是个肉身的人，尤其是人与人相处中的交流与沟通。建筑的复杂，说到底还是人的复杂。

不论时空如何变幻，评判一个建筑的好坏，不会是以它多么张扬或多么有个性去衡量，而是要看这是一个什么建筑，用户起初有什么样的需求，然后看设计能否化矛盾为动力，解读用户懵懵懂懂且动态变化的需求，然后把这种需要推演成特定的空间和界面形态，给出特定时空中的优质解答。

就我们团队自己的体悟而言，生活本身是最好的老师，因此也无太大的困惑。建筑是生活方式的呈现，因此，只有生活方式的改变才能改变未来的建筑。设计应该要追求属于人的一些朴素的东西，人终究还是人。平衡建筑的初心与终极目标，就是为人设计，为形形色色的人。

参考文献

第一部分：专著

[1] 董丹申，李宁. 知行合一 平衡建筑的实践[M]. 北京：中国建筑工业出版社，2021.

[2] 庄惟敏. 建筑策划导论[M]. 北京：中国水利水电出版社，2001.

[3] 崔恺. 本土设计 II[M]. 北京：知识产权出版社，2016.

[4] 李兴钢. 胜景几何论稿[M]. 杭州：浙江摄影出版社，2020.

[5] 倪阳. 关联设计[M]. 广州：华南理工大学出版社，2021.

[6] 李宁. 建筑聚落介入基地环境的适宜性研究[M]. 南京：东南大学出版社，2009.

[7] 胡慧峰. 又见青藤：徐渭故里城市更新与改造实践初探[M]. 上海：东华大学出版社，2024.

[8] 李宁. 文心之灵 建筑画中的法与象[M]. 北京：中国建筑工业出版社，2023.

[9] 凯文•林奇. 城市意象[M]. 方益萍，何晓军，译. 北京：华夏出版社，2001.

[10] 凯文•林奇. 城市形态[M]. 林庆怡，等，译. 北京：华夏出版社，2001.

[11] 格朗特•希尔德布兰德. 建筑愉悦的起源[M]. 马琴，万志斌，译. 北京：中国建筑工业出版社，2007.

[12] 阿摩斯•拉普卜特. 建成环境的意义——非言语表达方法[M]. 黄兰谷，等，译. 北京：中国建筑工业出版社，2003.

[13] 邹华. 流变之美：美学理论的探索与重构[M]. 北京：清华大学出版社，2004.

[14] 刘维屏，刘广深. 环境科学与人类文明[M]. 杭州：浙江大学出版社，2002.

[15] 欧阳康，张明仓. 社会科学研究方法[M]. 北京：高等教育出版社，2001.

[16] 王建国. 城市设计[M]. 3版. 南京：东南大学出版社，2011.

[17] 李宁. 理一分殊 走向平衡的建筑历程[M]. 北京：中国建筑工业出版社，2023.

[18] 凯文•林奇，加里•海克. 总体设计[M]. 黄富厢，等，译. 北京：中国建筑工业出版社，1999.

[19] 诺伯舒兹. 场所精神——迈向建筑现象学[M]. 施植明，译. 武汉：华中科技大学出版社，2010.

[20] 赵巍岩. 当代建筑美学意义[M]. 南京：东南大学出版社，2001.

[21] 李宁. 时空印迹 建筑师的镜里乾坤[M]. 北京：中国建筑工业出版社，2023.

第二部分：期刊

[1] 董丹申，李宁. 走向平衡，走向共生[J]. 世界建筑，2023(8)：4-5.

[2] 王凯，王颖，冯江. 当代中国建筑实践状况关键词：全球议题与在地智慧[J]. 建筑学报，2024(1)：21-28.

[3] 李宁, 李林. 传统聚落构成与特征分析[J]. 建筑学报, 2008(11): 52-55.

[4] 胡慧峰, 张簇. 动态变化下的平衡设计语义[J]. 世界建筑, 2023(8): 58-63.

[5] 黄声远. 十四年来, 罗东文化工场教给我们的事[J]. 建筑学报, 2013(4): 68-69.

[6] 董丹申, 李宁. 在秩序与诗意之间——建筑师与业主合作共创城市山水环境[J]. 建筑学报, 2001(8): 55-58.

[7] 崔愷. 关于本土[J]. 世界建筑, 2013(10): 18-19.

[8] 李宁. 平衡建筑[J]. 华中建筑, 2018(1): 16.

[9] 冒亚龙. 独创性与可理解性——基于信息论美学的建筑创作[J]. 建筑学报, 2009(11): 18-20.

[10] 冯鹏志. 重温《自然辩证法》与马克思主义科技观的当代建构[J]. 哲学研究, 2020(12): 20-27, 123-124.

[11] 胡慧峰, 吕宁, 蒋兰兰, 陈赟强. 场所重建——谈王阳明故居及纪念馆规划与建筑设计[J]. 世界建筑, 2024(5): 108-111.

[12] 雍涛. 《实践论》《矛盾论》与马克思主义哲学中国化[J]. 哲学研究, 2007(7): 3-10, 128.

[13] 黄争舸, 胡迅, 朱晓伟, 梅仕强. 一体化信息体系助力设计院快速提升企业效能[J]. 中国勘察设计, 2019(7): 56-61.

[14] 苏学军, 王颖. 空间图式——基于共同认知结构的城市外部空间地域特色的解析[J]. 华中建筑, 2009(6): 58-62.

[15] 景君学. 可能性与现实性[J]. 社科纵横, 2005(4): 133-135.

[16] 史永高. 从结构理性到知觉体认——当代建筑中材料视觉的现象学转向[J]. 建筑学报, 2009(11): 1-5.

[17] 胡慧峰, 沈济黄, 劳燕青. 基于现实的浪漫——舟山文化艺术中心设计札记[J]. 华中建筑, 2011(7): 81-83.

[18] 孙一民, 万书琪, 郭佳奕. 再议体育建筑基本问题[J]. 建筑学报, 2023(11): 28-32.

[19] 刘莹. 试论工程和技术的区别与联系[J]. 南方论刊, 2007(6): 62, 43.

[20] 张昊哲. 基于多元利益主体价值观的城市规划再认识[J]. 城市规划, 2008(6): 84-87.

[21] 李宁. 平衡建筑: 从平衡到不平衡、再到新平衡[J]. 华中建筑, 2024(6): 71.

[22] 王骏阳. 建筑理论与中国建筑理论之再思[J]. 建筑学报, 2024(1): 14-21.

[23] 沈济黄, 李宁. 建筑与基地环境的匹配与整合研究[J]. 西安建筑科技大学学报 (自然科学版), 2008(3): 376-381.

[24] 李翔宁. 自然建造与风景中的建筑: 一种价值的维度[J]. 中国园林, 2019(7): 34-39.

[25] 庄惟敏, 张维. 全过程背景下的中国体育建筑设计发展[J]. 建筑学报, 2023(11): 9-15.

[26] 徐苗, 陈芯洁, 郝恩琦, 万山霖. 移动网络对公共空间社交生活的影响与启示[J]. 建筑学报, 2021(2): 22-27.

[27] 胡慧峰, 董丹申, 李宁, 贾中的. 庭院深深深几许——杭州雅谷泉山庄设计回顾[J]. 世界建筑, 2021(4): 118-121.

[28] 何志森. 从人民公园到人民的公园[J]. 建筑学报, 2020(11): 31-38.

[29] 李晓宇, 孟建民. 建筑与设备一体化设计美学研究初探[J]. 建筑学报, 2020(Z1): 149-157.

[30] 许逸敏, 李宁, 吴震陵, 赵黎晨. 技艺合———基于多元包容实证对比的建筑情境建构[J]. 世界建筑, 2023(8): 25-28.

[31] 王灏. 寻找纯粹性与当代性七思[J]. 建筑学报, 2023(8): 62-65.

[32] 胡慧峰, 张永青. 从印象到实现——嵊泗海洋文化中心设计札记[J]. 华中建筑, 2010(11): 98-100.

[33] 沈清基, 徐溯源. 城市多样性与紧凑性: 状态表征及关系辨析[J]. 城市规划, 2009(10): 25-34, 59.

[34] 章嘉琛，李宁，吴震陵. 城市脉络与建筑应对——福建顺昌文化艺术中心设计回顾[J]. 华中建筑，2019(12)：51-54.

[35] 李欣，程世丹. 创意场所的情节营造[J]. 华中建筑，2009(8)：96-98.

[36] 石孟良，彭建国，汤放华. 秩序的审美价值与当代建筑的美学追求[J]. 建筑学报，2010(4)：16-19.

[37] 袁烽，许心慧，李可可. 思辨人类世中的建筑数字未来[J]. 建筑学报，2022(9)：12-18.

[38] 胡慧峰，李宁，方华. 顺应基地环境脉络的建筑意象建构——浙江安吉县博物馆设计[J]. 建筑师，2010(5)：103-105.

[39] 鲍英华，张伶伶，任斌. 建筑作品认知过程中的补白[J]. 华中建筑，2009(2)：4-6，13.

[40] 朱文一. 中国营建理念 VS "零识别城市/建筑"[J]. 建筑学报，2003(1)：30-32.

[41] 吴震陵，李宁，章嘉琛. 原创性与可读性——福建顺昌县博物馆设计回顾[J]. 华中建筑，2020(5)：37-39.

[42] 彭荣斌，方华，胡慧峰. 多元与包容——金华市科技文化中心设计分析[J]. 华中建筑，2017(6)：51-55.

[43] 刘毅军，赖世贤. 视知觉特性与建筑光视觉空间设计[J]. 华中建筑，2009(6)：44-46.

[44] 孟建民. 本原设计观[J]. 建筑学报，2015(3)：9-13.

[45] 倪阳，方舟. 对当代建筑 "符号象征" 偏谬的再反思[J]. 建筑学报，2022(6)：74-81.

[46] 赵衡宇，孙艳. 基于介质分析视角的邻里交往和住区活力[J]. 华中建筑，2009(6)：175-176.

[47] 黄莺，万敏. 当代城市建筑形式的审美评价[J]. 华中建筑，2006(6)：44-47.

[48] 赵恺，李晓峰. 突破 "形象" 之围——对现代建筑设计中抽象继承的思考[J]. 新建筑，2002(2)：65-66.

[49] 方华，胡慧峰，董丹申. 技术逻辑和城市文脉的整合与平衡——金华市体育中心竣工回顾[J]. 华中建筑，2018(1)：36-39.

[50] 李翔宁，莫万莉，王雪睿，闻增鑫. 建构当代中国建筑理论的新议程[J]. 建筑学报，2024(1)：6-13.

[51] 李宁，李丛笑，胡慧峰. 杭州竹海水韵住宅小区[J]. 建筑学报，2007(4)：85-88.

[52] 夏荻. 存在的地区性与表现的地区性——全球化语境下对建筑与城市地区性的理解[J]. 华中建筑，2009(2)：7-10.

[53] 郝林. 面向绿色创新的思考与实践[J]. 建筑学报，2009(11)：77-81.

[54] 孙宇璇. 从整合到消解：设备管线空间分布的设计策略演进研究[J]. 建筑学报，2024(2)：9-15.

[55] 王金南，苏洁琼，万军. "绿水青山就是金山银山" 的理论内涵及其实现机制创新[J]. 环境保护，2017(11)：12-17.

[56] 董宇，刘德明. 大跨建筑结构形态轻型化趋向的生态阐释[J]. 华中建筑，2009(6)：37-39.

[57] 孙澄，韩昀松，王加彪. 建筑自适应表皮形态计算性设计研究与实践[J]. 建筑学报，2022(2)：1-8.

[58] 杨春时. 论设计的物性、人性和神性——兼论中国设计思想的特性[J]. 学术研究，2020(1)：149-158，178.

[59] 史永高. 物象之间：建筑图像的喻形性与画面性[J]. 建筑学报，2021(11)：84-90.

[60] 李宁，王玉平. 契合地缘文化的校园设计[J]. 城市建筑，2008(3)：37-39.

[61] 王贵祥. 中西方传统建筑——一种符号学视角的观察[J]. 建筑师，2005(4)：32-39.

[62] 曹力鲲. 留住那些回忆——试论地域建筑文化的保护与更新[J]. 华中建筑，2003(6)：63-65.

[63] 董丹申，李宁. 与自然共生的家园[J]. 华中建筑，2001(6)：5-8.

[64] 尹稚. 对城市发展战略研究的理解与看法[J]. 城市规划，2003(1)：28-29.

［65］ 胡慧峰，赫英爽，蒋兰兰. 现代城市设计理论下的历史街区再生——青藤街区综合保护改造项目［J］. 世界建筑，2023(8)：76-79.

［66］ 余晓慧，陈钱炜. 生态文明建设多元文化的求同存异［J］. 西南林业大学学报 (社会科学)， 2021(1)：87-92.

［67］ 常青. 历史建筑修复的 "真实性" 批判［J］. 时代建筑，2009(3)：118-121.

［68］ 杨茂川，李沁茹. 当代城市景观叙事性设计策略［J］. 新建筑，2012(1)：118-122.

［69］ 梁江，贾茹. 城市空间界面的耦合设计手法［J］. 华中建筑，2011(2)：5-8.

［70］ 莎莉•斯通，郎烨程，刘仁皓. 分解建筑：聚集、回忆和整体性的恢复［J］. 建筑师，2020(5)：29-35.

［71］ 胡慧峰，钱晨，姚冬晖. 设计中的起承转合——宁波天一阁博物馆古籍库房扩建设计［J］. 建筑学报，2012(6)：90-91.

［72］ 艾英旭. "水晶宫" 的建筑创新启示［J］. 华中建筑，2009(7)：213-215.

［73］ 沈济黄，陆激. 美丽的等高线——浙江东阳广厦白云国际会议中心总体设计的生态道路［J］. 新建筑，2003(5)：19-21.

［74］ 李宁，丁向东. 穿越时空的建筑对话［J］. 建筑学报，2003(6)：36-39.

［75］ 赵黎晨，李宁，张菲. 基于城市发展存量更新模式的校园再生分析——以城市特定街区校园改扩建设计为例［J］. 华中建筑，2024(6)：81-84.

［76］ 朱耀明，郑宗文. 技术创新的本质分析——价值&决策［J］. 科学技术哲学研究，2010 (3)：69-73.

［77］ 李旭佳. 中国古典园林的个性——浅析儒、释、道对中国古典园林的影响［J］. 华中建筑，2009(7)：178-181.

［78］ 沈济黄，李宁. 环境解读与建筑生发［J］. 城市建筑，2004(10)：43-45.

［79］ 黄蔚欣，徐卫国. 非线性建筑设计中的 "找形"［J］. 建筑学报，2009(11)：96-99.

［80］ 张若诗，庄惟敏. 信息时代人与建成环境交互问题研究及破解分析［J］. 建筑学报，2017(11)：96-103.

［81］ 沈济黄，李宁. 基于特定景区环境的博物馆建筑设计分析［J］. 沈阳建筑大学学报 (社会科学版)，2008(2)：129-133.

［82］ 陈青长，王班. 信息时代的街区交流最佳化系统：城市像素［J］. 建筑学报，2009(8)：98-100.

［83］ 李宁，王玉平. 空间的赋形与交流的促成［J］. 城市建筑，2006(9)：26-29.

［84］ 高亦超. 从结构理性到建造理性——建构的视野与评判拓展［J］. 建筑学报，2021(6)：70-74.

［85］ 赵建军，杨博. "绿水青山就是金山银山" 的哲学意蕴与时代价值［J］. 自然辩证法研究，2015(12)：104-109.

［86］ 胡慧峰，李宁，彭荣斌，蒋兰兰. 情境激活——浙大青源智谷改建与更新［J］. 建筑学报，2019(4)：76-77.

［87］ 金秋野. 本土方法和工匠精神的重建——关于 "本土设计" 思想的演变和发展［J］. 建筑学报，2024(1)：1-5.

［88］ 司桂恒，庄惟敏，梁思思. 街区空间使用后评价的框架与逻辑［J］. 建筑学报，2024(2)：36-42.

致谢

一

本书得以顺利出版，首先感谢浙江大学平衡建筑研究中心的资助。同时，感谢浙江大学平衡建筑研究中心、浙江大学建筑设计研究院有限公司对建筑设计及其理论深化、人才培养、梯队建构等诸多方面的重视与落实。

二

感谢本书所引用的具体工程实例的所有设计团队成员，正是大家的共同努力，为本书提供了有效的实证支撑。这些工程项目从设计到施工乃至延绵不断的维护与修改，从项目的承接之日起就如影随形。梳理这些熟悉的图片，几十年来齐心协力彼此支撑的场景一下子就在记忆中浮现出来，那种温暖，无法抹去。

本书中非作者拍摄的照片均进行了说明与标注，在此一并感谢。

三

感谢赵黎晨、王超璐、刘达、吕宁、章晨帆、胡彦之、张润泽、金轶群等小伙伴在本书整理过程中的支持与帮助。

四

感谢中国建筑出版传媒有限公司（中国建筑工业出版社）对本书出版的大力支持。

五

有"平衡建筑"这一学术纽带，必将使我们团队不断地彰显出设计与学术的职业价值。